你就是不舍吃亏

不计较、不纠结的智慧

海波 编著

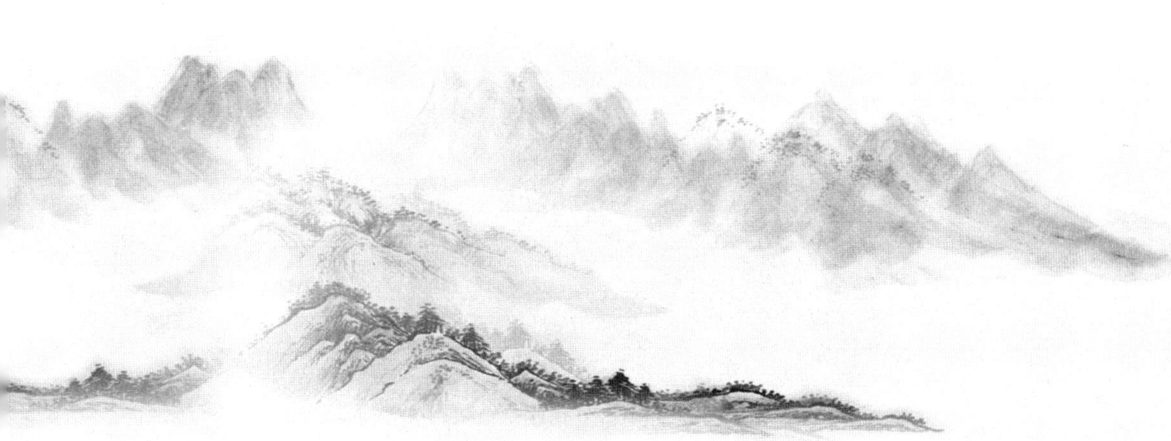

中国纺织出版社

内 容 提 要

学会吃眼前亏，其实就是一种忍耐，一时的忍耐并不是对命运的屈服，也不是卑躬屈膝，而是对未来的一种铺垫和积累。

本书围绕现实生活中吃亏的方方面面，阐述了“吃亏是福”的人生哲理。本书将会改变你的心态，让你随时随地感受快乐，捕捉人世间的美好瞬间。

图书在版编目（CIP）数据

你就是不舍吃亏：不计较、不纠结的智慧／海波编著.--北京：中国纺织出版社，2018.3

ISBN 978-7-5180-4469-6

Ⅰ.①你… Ⅱ.①海… Ⅲ.①人生哲学—通俗读物 Ⅳ.①B821-49

中国版本图书馆CIP数据核字（2017）第313617号

责任编辑：闫　星　　特约编辑：王佳新　　责任印制：储志伟

中国纺织出版社出版发行

地址：北京市朝阳区百子湾东里A407号楼　邮政编码：100124

销售电话：010—67004422　传真：010—87155801

http：//www.c-textilep.com

E-mail：faxing@c-textilep.com

中国纺织出版社天猫旗舰店

官方微博http：//weibo.com/2119887771

北京通天印刷有限责任公司印刷　各地新华书店经销

2018年3月第1版第1次印刷

开本：710×1000　1/16　印张：13

字数：152千字　定价：36.80元

前言

人们常说：“好汉不吃眼前亏。”他们总认为每个人都有自己的自尊和颜面，绝不能在他人面前吃亏，不能失去眼前的点滴利益。其实，这样的理解是失于偏颇的。真正的好汉一定有着锐利的眼光，他们所关注的是长远的根本利益所在，而不会计较眼前的利益变化，他们宁愿舍小利而保大局。只有那些鼠目寸光的人，才吃不得眼前亏，他们心胸狭隘，容不得一点儿损失，所以，最终难以成就大事；而那些真正的好汉，都是高瞻远瞩的人，都会吃眼前亏，他们视野辽阔，容纳天地于自己的心中，所以，吃小亏赢成功。

有时候，在眼前的只是蝇头小利，即便是你千方百计追寻了，也不能铸就你的成功。与其紧紧地抓住眼前的东西，还不如把眼光放长远一点，放长线钓大鱼，这样才能离成功越来越近。

好汉之所以会吃眼前亏，是为了以后更好地发展，寻求更为长远的利益。虽然在很多时候，好汉要有骨气，不应该轻易放弃眼前的东西，但是在现实生活中，人人都面临着残酷的现实、生存的压力，即便是怎么立志高远、胸怀大志，如果连最基本的生活保障都没有，又何谈志向呢？

学会吃眼前亏，虽然这其中有许多无奈，看似降低了自己的“门槛”，但是它利用了“欲取先予”的计谋，巧妙地做了一笔一本万利的生意。人生也是一样的，不要认为吃亏是一种损失，其实，这会为你谋取更多的长远利益。古人说:“吃亏是福”。吃亏从表面上说是一种损失,但从长远来看,是一种福气。当所有人都在竭力争取的时候,你选择了吃眼前亏,不仅为自己树立良好的信誉,还会让他人对你产生莫大的好感。

吃亏是一种境界,是一种自律和大度,在物质利益方面宽宏大量,在名誉地位方面先人后己,在人际关系中尊重他人。愿意吃亏的人,总会比其他人更多地享受到远久的快乐和幸福。肯吃亏,通常会得到旁观者的同情,不仅赢得好人缘,还会在道义上赢得更多人的支持,从而为自己构建坚实的人脉。

编著者

2017 年 10 月

目录

第1章

吃亏是成熟处世的境界，做事先做人

吃亏是一种胸怀，一种风度，一种达观。那些愿意吃亏、不怕吃亏的人，总是把别人往好处想，愿意为别人多做一些事，他们表面看似软弱，其实内心有一个宏大、宽容、纯净的世界。如此这般吃亏的人，总能赢得人们的尊重和赏识。

肯吃亏是一种大智慧

人活于世，总是免不了与他人打交道。同时，为了实现理想、达成目标，与人竞争也就在所难免了。现代社会，我们经常处于与人竞争的环境中。这其中的苦辣酸甜也就构成了我们社会生活的大部分。因此，一个成功的人必定是一个社会关系良好的人。做人的艺术也就体现于此。

人都有利己之心，面对诱惑、选择都会不自觉地趋利避害。大多时候，我们会认为，确保自己的利益，争取更多的回报是一个人能力的体现，是成功的标志。然而，真正的为人处世大智慧却是学会吃亏。可以说，做人的可贵之处就在于乐于亏己。

古语有云:“吃亏是福”。真正能够做到这点，就是一种非常崇高的境界，是一种处事的智慧，是一种大智若愚的表现。这样的例子无论是在商业中还是生活中，都很普遍。

有一个人，他与朋友合伙做生意，几年后一笔生意让他们所赚的钱又赔了进去，剩下的是一些值不了多少钱的设备，他对朋友说，全归你吧，你想怎么处理就怎么处理。留下这句话后，他就与朋友分手了。他没有埋怨朋友，给人的感觉是这人真糊涂，自己的一分也不要了。其实，这叫“好合好散”。生意没了，人情还在。

有人曾经问过李泽楷：“你父亲教了你一些怎样成功赚钱的秘诀吗？”李泽楷说：“赚钱的方法我父亲什么也没有教，只教了我一些为人的道理。”李嘉诚曾经这样跟李泽楷说：“你和别人合作，假如你拿七分合理，八分也可以，那我们李家拿六分就可以了。”

李嘉诚的意思是，他吃亏可以争取更多人愿意与他合作。你想想看，虽然他只拿了六分，但现在多了一百个合作人，他现在能拿多少个六分？假如拿八分，那么一百个人会变成五个人，结果是亏是赚可想而知。李嘉诚一生与很多人进行过或长期或短期的合作，分手的时候，他总是愿意自己少分一点钱。如果生意做得不理想，他就什么也不要了，宁愿吃亏。这是种风度，是种气量，也正是这种风度和气量，让更多的人乐于与他合作，他也就越做越大。所以，李嘉诚的成功更得力于他的恰到好处的处世交友经验。

吃亏是福，乃智者的智慧。不管你是做老板也好，还是做生意场上的伙伴也罢，别人跟着你有好日子过、有奔头，他才会一心一意与你合作，给你干，因为他知道老板生意好了他才会好；生意场的伙伴同你做生意能赚钱，才不会朝三暮四。

俗话说，放长线钓大鱼。志向远大的人，断不会为蝇头小利争破头皮，也不会因为吃了些小亏而耿耿于怀。只有拥有“宰相肚里能撑船”般博大胸怀之人，才能明白其中的道理。吃亏见人品。如果一事不让，处处逞强，那谁还愿意与之为伍？看似争利，其实是捡了芝麻丢了西瓜。另有人不计较吃亏，小利乐于相让，大利也不独吞，最终的成功，往往属于他们。

生活中，有不少好朋友或者事业上的合作伙伴，由于种种原因，后来反目成仇了，双方都搞得很不开心，结果是大打出手。有人一旦与朋友分手，就翻脸不认人，不想吃一点亏，这种人是否聪明不敢说，但可以肯定的是，一点亏都不想吃的人，只会让自己的路越走越窄。让步、吃亏是一种必要的投资，也是朋友交往的必要前提。为什么呢？在生活中，人们对处处抢先、占小便宜的人一般没有什么好感。占便宜的人首先在做人上就吃了大亏，因为他已经处处抢先，从来不为别人考虑，眼睛总是盯着他看好的利益，迫不及待地跳出来占有它。他周围的人对他很反感，合作几个来回就再也不想与他合作了。合作伙伴一个个离他而去，他难以找到愿意与他重新合作的人，岂不是吃了大亏吗？

任何时候，情分不能践踏。主动吃亏，山不转路转，也许以后还有合作的机会，又走到一起。若一个人处处不肯吃亏，则处处必想占便宜，于是，妄想日生，骄心日盛。而一个人一旦有了骄狂的态势，难免会侵害别人的利益，于是纷争四起，在四面楚歌之下，又焉有不败之理？

世界上有三种人是一点亏也不肯吃。1. 度量太差，吃了亏就想不开，茶不思饭不想，好像被割了肉一样；2. 火气太大，吃了亏就要双脚跳，轻则破口大骂，重则大打出手，从而把事情弄得一发不可收拾；3. 心眼太小，吃了亏就要睚眦必报，常常让别人怨声载道，让自己因小失大。这三种人都不懂得吃亏是福的道理，因此，也得不到肯吃亏带来的福利。

古人曾说过：用争夺的方法，你永远得不到应有的满足；而如果用让步的办法，你很容易得到比期盼的更多的东西。换句话说，吃亏是福！肯吃亏就是一种会放弃的艺术，是一种人生的大智慧。

看似吃亏，实则受益

吃什么都成，就是不能吃亏。在这个终于开始正视利益的时代，“决不吃亏”成了许多人的生存信条。

于情于理，追求个人利益的最大化都无可厚非。于是，精英们开始钻研《博弈论》，商贾们研究如何让利润厚一点再厚一点，芸芸众生则为了或卑微或崇高的梦向利益进发。当然，只要没有触犯法律与道德的准绳，对于人人追求的利益最大化，便不必嗔怨指责。

因此说，追名逐利本是人类天性。但是否绞尽脑汁地多占便宜、避免吃亏就能找到幸福走向成功呢？非也。

回想中国古代，有多少文人墨客吃了官场昏暗的亏？有说错话站错队的，有政治主张不被采纳的，有长年被朝廷贬来贬去的……众文人满怀悲怆地仰天长叹“生不逢时”，今天的学子们做诗歌鉴赏题也要模式化地为古人感慨。但事实上，大浪淘沙，又有几个文人是管仲、晏婴一般的政坛真金，能堪重臣良相的担子？他们落魄了，却能在文坛上大放光彩，成就千古之名，这样的成就，那些在政坛上蝇营狗苟的官员们岂能比肩？吃这样的亏，不亏了吧？

再如，楚汉之争初期，刘邦兵疲马弱，百战百败，与项羽的正面交锋无一不吃亏，却总能在一次次吃亏后重整旗鼓，笼络民心，只图一击制敌。而楚霸王占尽上风，却被一次次小便宜冲昏了头脑，越发骄狂，破城必屠，逐渐落得众叛亲离。果然，垓下一败，这位常胜将军便无力回天，只得自刎了事。得天下的，竟是那个处处窝囊、处处吃亏的刘邦。历史一次又一次地告诉我们一个事实：人生很多事，看似吃亏，实则受益。

能看透这个事实的人，在现实生活中，实在不多。然而，若有人能明白这个道理，那他一定是领悟到了真正的与人相处之道，明白了“吃亏”的真正价值所在。这样的例子在商界尤为突出。

台湾妇孺皆知的乳酸饮料品牌“养乐多”公司的前董事长陈重光，有一套自己的生意法则。陈重光一生事业成功靠两样法宝，一个是“朋友”，另一个是独创一格的“六四分”。一般人合伙做生意，当公司赚钱时，大都采五五分。也就是说，所赚的钱两人各分一半。而陈重光却采用六四分。所谓六四分，并非我分六你分四，而是你分六我分四。陈重光说：“人都有贪念，只要合伙做生意，总觉得自己比较卖力，应该多拿一份。因此我选择对方多一份，自己少一份，也就是六四分。”因为是六四分，朋友都非常乐于跟他合伙。一个合伙生意得四分，两个合伙生意得八分，三个合伙生意得十二分，结果他才是大赢家。

只有懂得“吃亏就是受益”这个道理的人，才能有这样的胸怀与谋略。当一个人真诚地敞开胸怀拥抱这个世界的时候，世界也会给他优待。

类似的故事在美国也有过。

美国亨利食品加工工业公司总经理亨利·霍金士先生有一次突然从化验室的报告单上发现，他们生产食品的配方中，起保鲜作用的添加剂有毒，虽然毒性不大，但长期服用对身体有害。如果不用添加剂，则会影响食品的鲜度。亨利·霍金士考虑了一下，他认为应以诚对待顾客，于是他毅然把这一有损销量的事情告诉了每位顾客，随之又向社会宣布，防腐剂有毒，对身体有害。

他做出这样的举措之后，使他自己承受了很大的压力，食品销路锐减不说，所有从事食品加工的老板都联合起来，用一切手段向他反扑，指责他别有用心，打击别人，抬高自己，他们一起抵制亨利公司的产品，亨利公司一下子跌到了濒临倒闭的边缘。苦苦挣扎了 4 年之后，亨利的食品加工公司已经倾家荡产，但他的名声此时已是家喻户晓。

这时候，政府站出来支持霍金士了。亨利公司的产品又成了人们放心满意的热门货。亨利公司在很短时间内便恢复了元气，规模扩大了两倍。亨利食品加工公司一举成了美国食品加工业的“龙头公司”。

霍金士正是因为坚持了自己的选择，以大利益为重，才取得了后来的成功。这过程中当然会有些挫折，甚至令他面临绝境，但是暂时的亏损并不能抵挡未来的成功。正是因为他不贪小便宜，以大局为重，有着宁愿自己吃亏也要尊重消费者的诚信态度，才铸就了后来的辉煌。

生活中类似的事情很多，不同的是，大多数人都是想当时得到便宜，得到利，结果也都是高兴过早，最终得到相反的结果。事实证明，贪便宜不如吃亏，很多看似吃亏的事情，实则多数让人受益，关键看你是否能看远、看开，一个人的眼界决定他的未来。每每只看到眼前的小利益，是不可能成就大事的。只有肯放下、肯吃亏的人，才能最终获得命运的奖赏，获得成功。这是一个亘古不变的道理。

能吃亏，往往少是非

笑看纷繁人生，我们常会发现，吃亏其实并非完全是损失。吃亏时失去的大多是物质的和暂时的东西，如果我们能够坦然处之，不去计较这些，那么，在所谓的“吃亏”之后，我们会得到更多，小到可以培养自己的宽厚与大度，陶冶自己的情操，大到可以避免干戈，甚至保护生命。这些实在是人生的巨大收获。

明白了这些，就不难发现，在公共场所遇到不顺心的事，实在不值得过度较真生气。有时，素不相识的人冒犯你，其中肯定另有原因，或许是哪些烦心事使他此时情绪恶劣，行为失控，正巧让你赶上了，只要不是恶语伤人、侮辱人格，我们就应宽大为怀，以柔克刚，晓之以理，实在没有必要与原本和你无仇无怨的人瞪着眼睛较劲。假如较起真来，大动肝火，枪对枪、刀对刀地干起来，再酿出严重后果，那就太划不来了。所以说，遇到这样不开心的事，看得淡些，肯吃些亏，能让我们避免很多不必要的是非，实在是好处多多。

相反地，如果不能很好地控制自己的情绪，不能忍受一时的吃亏，不但不能解决问题，严重的还会招致更大的伤害。历史告诉我们，这实在不是明智之举。

三国时期，蜀国名将关羽败走麦城，被东吴擒杀。张飞闻讯，悲痛欲绝，严令三军赶制孝衣，为关羽戴孝，逼得手下将官无奈，最后铤而走险，将其刺杀。刘备为报东吴杀害关羽之仇，举兵伐吴。诸葛亮、赵云等人苦苦相谏，都无济于事。这时的刘备已完全失去了理智，结果被吴将陆逊一把火烧得溃不成军，数万军士丧生，刘备本人带着残兵败将退归白帝城，羞愧交加，一命呜呼。蜀军从此一蹶不振。

同样是被逼吃亏的情形，魏大臣司马懿就处理得很好。他多谋善变，遇事极为冷静，从不为自己的情绪所左右。能忍一时之气，全以大局为重。一次，诸葛亮出兵伐魏，进军至五丈原。司马懿率军渡过渭水，筑垒抵御。当时，蜀国大军出动，粮草有限，利在速战，司马懿则坚守不出，以待时机。为了激怒司马懿出战，诸葛亮心生一计，派人给他送去了妇女的服饰，以侮辱他，讽刺他胆小如女人。但他看到后只是佯装恼怒，仍始终按兵不动。诸葛亮也就没有办法了。最后，诸葛亮眼看同魏军长期相持难以取胜，心力交瘁，加之过度操劳，病死在五丈原军中，蜀军只好撤退。司马懿的过人之处就在于，明白吃些小亏不算什么，重要的是达到目的，而不是图一时的痛快。

由此可见，是否理智地处理事情，看重大局，吃一时的小亏，有时是事情成败的关键。大事是这样，小事也是这样。

春秋时期，郑灵公在位期间，由公子宋和公子归生辅政。有一天，有人从汉江带回一个大鼋，献给灵公。灵公命屠夫炖肉汤招待朝中官员。这时，公子宋对灵公说："我每次食指跳动，总要尝到好吃的东西。今天食指跳动了几下，果然又有好东西品尝了，你看灵验不灵验？"

灵公听了，半开玩笑半认真地说："你的食指跳动灵验不灵验，这一次还得由我决定！"于是，他暗中吩咐屠夫，如此这般，屠夫心领神会，含笑而下。到了品尝鼋肉的时刻，郑灵公命令诸臣按官职大小，依次坐定。公子宋位居第一，扬扬自得，等着品尝。郑灵公却突然宣布，今天赏赐从最下席开始，公子宋变成了最后一个。而且，轮到他时，屠夫说鼋羹没有了。在众臣面前受到如此冷落和戏弄，公子宋真是怒火中烧。目睹公子宋的窘态，郑灵公开心极了，哈哈大笑，指着他说："我本来是命令遍赐群臣的，谁料想却偏偏少了你一个人没有。看来，这是命里注定你不该吃鼋肉啊！你看你这食指跳动要吃好东西的说法哪里灵验呢？”听了此话，公子宋恍然大悟，原来这一切都是灵公捣的鬼啊！为了挽回面子，他这时已完全失去了理智，遂不顾君臣之礼，突然起身走到郑灵公面前，将手探入灵公面前的鼎中，捏了一块鼋肉，放进口中，反唇相讥道：“我现在已经尝到了鼋肉，食指跳动又哪里不灵验呢？”说罢，不辞而别。公子宋的言行，深深激怒了郑灵公，他当着众臣的面，愤愤地说：“宋太无礼，他眼中还有我这个君主吗？难道郑国就没有刀斧能砍掉他的脑袋不成？”

从此，郑灵公与公子宋结下了仇恨。公子宋因惧怕郑灵公找借口除掉自己，干脆在这一年的秋天派人刺杀了郑灵公。两年之后，郑灵公之弟追查公子宋指染君鼎之罪，将公子宋杀掉，暴尸于朝，尽诛其族。

本是一桩小事，最后却因双方的不知退让、不肯吃亏而酿成如此惨剧，这实在是悲哀至极。

其实，在现实生活中，因不能忍一时之气，失去理智，酿成惨剧的事实屡见不鲜。总而言之，恰当的理智，适宜的克制，遇事低下头，吃些小亏，能避免很多是非，换来更多平和与美满。

不怕吃亏，是睿智的选择

做人不怕吃亏，海阔天空便不过一步之遥；做人不怕吃亏，达观睿智便近在眼前！

做人的艺术不过就这一句话：不怕吃亏。生怕吃亏，生活便会陷入斤斤计较的囹圄，难有真正的开心和快乐；生怕吃亏，人生最终会失去方寸，也难以享受生活的各种境界；生怕吃亏，人生便会因患得患失而没有前进的动力，也不会有所建树。

我们的一生就像一条崎岖坎坷的路，路上有荆棘、沼泽，也有鲜花和美景。不怕吃亏，才能豁达前行，无惧艰险，才能拥有披荆斩棘的魄力、睿智前行的胆识、力挽狂澜的勇气，让自己在坎坎坷坷中坚定跋涉，在风风雨雨中昂首前行。

我们的一生就像一场充满抉择和拼搏的较量，而较量中的每一个对手都是自己，不怕吃亏，敢于面对任何事端，最终才能超越自我，实现睿智的蜕变，获得最终的福报。

张良，西汉时期重要的谋臣。秦朝末年，他在博浪沙谋杀秦始皇没有成功，便逃到下邳隐居。一天，他在镇东石桥上遇到位白发苍苍的老人。老人的鞋子掉到了桥下，便叫张良去帮他捡。张良觉得很惊讶，心想：你算老几呀？敢让我帮你捡鞋子？凭什么让我吃这个亏？张良甚至想拔出拳头揍对方，但见他年老体衰，便克制自己的怒气，对自己说，算了，吃下这个亏吧，然后弯下腰帮他捡回了鞋子。

谁知老人不仅不道谢，反而伸出脚来说：替我穿上！张良心底大怒：嘿，这老头，还得寸进尺，要让我帮你穿鞋，过分，这个亏说什么我也不能吃！

张良正想脱口大骂，但又转念一想，反正鞋子都捡起来了，干脆好人做到底，也不怕这一次两次的亏。于是默默地替老人穿上了鞋。张良的恭敬从命，赢得了这位老人的首肯，又经过几番考验，老人终于将自己用毕生心血注释而成的《太公兵法》送予张良。张良得到这本奇书后，日夜研究，最终成为满腹韬略、智谋超群的汉代开国名臣。

真正的成功人士总是善于隐藏自己的锋芒，在吃亏与否中保持本质，游刃有余。张良克制自己的不快，不怕吃亏，为老人拾鞋、穿鞋，拥有做人成熟大度的风度和睿智。明知自己比老人身强力壮，也处处甘愿吃亏、退避礼让，这既表现出对老人的尊重，也表现出对自身品格的完善。张良正是在不怕吃亏的处世方式中，磨砺了意志，增长了智慧，最终成为运筹于帷幄之中、决胜于千里之外的杰出的军事家、政治家。

人生匆匆数十年，活一天就会减少一天。功名和财富会随着时间的推移不断增加，而岁月和健康却不断锐减，当有一天这两条曲线交叉时，生命的显示屏上就会出现零，最终什么都带不走，这就是生命残酷而真实的公式。

“天下熙熙，皆为利来；天下攘攘，皆为利往。”生活中的人们往往怕吃亏，为了追求所谓的一己之利，把自己全部的精力都投入到名利场中，而一旦利益成为个人追求的最终目标，个人的行为便会陷入一种盲动的误区，欲望就会蒙蔽灵魂，此时，人们看到的也仅仅是前面的目标，而忽略了脚下所走的路是否正确。下面的案例说的正是如此。

早晨，爸爸做了两碗荷包蛋面条，一碗上边有蛋，另一碗上边无蛋。端上桌，爸爸问孩子：“吃哪一碗？”“有蛋的那一碗！”孩子指着卧蛋的那碗。

“让爸爸吃那碗有蛋的吧。”父亲说，“孔融 7 岁能让梨，你 10 岁啦，该让蛋吧？”“孔融是孔融，我是我——不让！”“真不让？”“真不让。”

孩子一口就把蛋给咬了一半。“不后悔？”“不后悔！”孩子说罢又是一口，把蛋吞了下去。待孩子吃完，爸爸开始吃。没想到爸爸的碗底藏了两个荷包蛋，孩子傻眼了。爸爸指着碗里的荷包蛋告诫孩子：“记住，生怕吃亏，处处想占便宜的人，往往占不到便宜。”

隔天，爸爸又做了两碗荷包蛋面条，一碗蛋卧上边，另一碗上边无蛋。端上桌，问儿子：“吃哪碗？”“孔融让梨，我让蛋。”孩子狡猾地端起了无蛋的那碗。“不后悔？”“不后悔。”孩子说得坚决。

可孩子吃到底，也不见一个蛋，倒是爸爸的碗里上卧一个，下藏一个，孩子又傻了眼。爸爸指着蛋教训儿子说：“记住，生怕吃亏，不知取舍，想占别人便宜的人，可能要吃亏。”

又过了一天，爸爸又做了两碗荷包蛋面条，还是一碗蛋卧上边，另一碗上边无蛋。父亲又问儿子：“吃哪碗？”“孔融让梨，我让面——爸爸您是大人，您先吃。”孩子诚恳地说。“那就不客气啦。”爸爸端过上边卧蛋的那碗，孩子发现自己碗里面也藏着一个荷包蛋。爸爸说：“看，只有不怕吃亏、懂得取舍的人才能有所收获。”

正如爸爸教育儿子的话一样，只有不怕吃亏、懂得取舍才能有所收获。我们做人也是如此，不怕吃亏地向前走，哪怕道路艰险，摔得头破血流，也要不顾一切地前行，而这也是睿智的选择。

人生中，当前进的脚步受阻时，不妨吃点亏，稍作取舍，从而积蓄力量，以待下一次更好地前进。灵活地把握取舍、吃亏之间的关系，明确取舍、吃亏是为了更好地前进的道理，往往会收到事半功倍的效果。

生活就是如此，我们要不怕吃亏，明了取舍，舍的实质可能是为了取，而取的目的也许是为了舍，二者是相辅相承的。欲做成功人士，应当牢记这样一句话：不怕吃亏，是睿智的选择。

人生的取舍有道，为我们增加了智慧的光芒、品格的力量、财富的沉淀、亲情的温暖，从而丰富了生命的意义。而人生的不怕吃亏，为我们减去了多余的物质、贪恋的欲望、心灵的重担、环境的纷扰。不怕吃亏，我们才能拥有更成熟的思维、更健康的生活、更睿智的人生！

第2章

吃“闷亏”不必放在心上，人生的出口在低处

俗话说：“吃亏是福。”生活中，面对名利，有些人选择“寸土必争”，不过其结果往往事与愿违；有些人选择“退避三舍”，却往往有意外收获。一个人要甘心吃“闷亏”，因为人生的出口在低处。

在不断吃亏中成就大事

天上的日月不可能永远盈，也不可能永远亏，天道尚如此，人间更难离这个规律。所以，对盈亏不要过于计较，因为很多时候，看似吃亏，实际上是一个得到补偿的过程。

孔子虽被后人尊为“至圣先师”，可生前却大半生穷愁潦倒。他怀揣“仁者爱人”的理想周游列国，劝说一个又一个国君“治国以礼、为政以德”。尽管四处碰壁，“惶惶然如丧家之犬”，但他矢志不渝，仍“知其不可为而为之”。在他看来，个人吃不上肉、过着颠沛流离的生活，受人奚落侮辱、遭受驱逐暗算都是小事，“仁者爱人”“克己复礼”才是大事。不能因贪图享受而坏了品行、乱了大德，不能因他人不理解和嘲讽就动摇信念，不能因饱受挫折就放弃对崇高理想的追求。

孔子不愧是伟大的思想家和教育家，他的“小不忍则乱大谋”，是为那些要立志做国家栋梁、干大事的人而写的。在后来的历史中，韩信曾受过“胯下之辱”，但是他没和那些无赖小人一般见识，他在当上大将军后也没去报复那些小人，韩信干的是顶天立地的大事业，不会去与那些不值得计较的小人清算旧账；司马迁遭受宫刑，在肉体和精神上都受到摧残，但是他忍了常人不能忍受的痛苦，完成了历史巨作《史记》。

由此看来：孔子说的“小”，是指为理想、为信念值得牺牲的东西，也就是“吃亏”。这些小亏可能是富贵、荣辱、权利，甚至是生命；孔子说的“大谋”，并不是在谋划或图谋一件对自己有利的事情，而是一件为了实现理想可以献身的大事。历史上，就有像荆轲那样“一去不复还”的壮士，像谭嗣同那样“有心杀贼，无力回天”的君子，像秋瑾那样“如我上了断头台，革命成功至少可以提早五年”的鉴湖女侠，明知自己身单力薄，此去乃是以卵击石，却仍然舍生取义，做替天行道的大事。

当然，更多的时候，我们过的是平凡的生活，面对的是平常事物，因此，就算有阻力，也无非就是失去些什么，即人们口中的吃亏。但是，更多的时候，正是这些接连不断的“吃亏”，成就了最后的“大事”。

小杨是一家出版社的编辑，他的文笔很好，更可贵的是他的工作态度。那时出版社正在进行一套大书的编辑，每个人都很忙碌，但老板并没有增加人手的打算，于是编辑部的人也被派到发行部、业务部帮忙。但整个编辑部只有小杨接受了老板的指派，其他人只去一两次就抗议了。

小杨说：“吃亏就是占便宜嘛！”

事实上也看不出他有什么便宜好占，因为他要帮忙包书、送书，像个包装工一般！

他真是个可随意指挥的员工，后来他又去业务部，参与直销的工作，此外，连取稿、跑印刷厂、邮寄……只要开口要求，他都乐意帮忙！

“反正吃亏也是占便宜嘛！”他这么说。

两年后，小杨自己成立了一家公司，完全承担了图书运作工作。原来他在两年的“吃亏”中，把出版社的编辑、发行、直销等工作都摸透了，真是占了大便宜。

其实吃亏并不坏，不是有句话叫“是亏是福”吗？而这好坏转化的关键，就在于你是否能认识到吃亏对于你长远发展的意义。其实，就像前面案例中的小杨，表面上是吃亏了，实际他并没有吃亏，虽然他比别人多付出了辛劳，但也获得了相应的收获，增长了自己的见识，使自己成了事业上的多面手，从而为自己创业的成功奠定了基础。

佛罗里达州有一位农夫，买到了一块非常差的土地，那片地坏得让他既不能种水果，也不能养猪，那里能生长的只有白杨树和响尾蛇。但是他没有因此而沮丧，而是冥思苦想以图改变目前的这种状态，他要把那片地上所有的东西变作一种资产。很快，他想到了一个好主意，他要利用那些响尾蛇。他的做法使每一个人都很吃惊，因为他开始做响尾蛇肉罐头。他的生意做得非常大。他养的响尾蛇体内所取出来的毒液，运送到各大药厂去做治蛇毒的血清；响尾蛇皮以很高的价钱卖出去做女人的鞋子和皮包；装着响尾蛇肉的罐头送到全世界各地的顾客手里。每年来参观他的响尾蛇农场的游客差不多有两万人，有很多人买了印有那个地方照片的明信片，在当地的邮局把它寄了出去。为了纪念这位先生，这个村子现在已改名为佛州响尾蛇村。

看了这则故事，谁能说这个农民是吃亏了呢？“福兮祸所倚，祸兮福所伏。”正是因为有了前面的痛苦的“吃亏”，才有了后面的成功。能吃亏的人很乐意承认自己的亏损，同时会想办法改变这一亏损。因此说，吃亏不是一种消极、颓废，不是悲观、懦弱，相反，它是一种执着追求的精神，一种为人处世的风格，更是一个人成就大事的永久鞭策。

不怕吃亏，智者赚明天

愚者很难有长远的眼光，他们在乎的只有眼前的得失、成败；而智者却不怕吃亏，因为他们看中的是未来的机遇和希望。

在美国有句名言：“愚者赚今朝，智者赚明天。”那何谓智者呢？孔子说：知者不惑，仁者不忧，勇者不惧。其中“知者不惑”的“知”，意思就是，真正有智慧的人，什么事情一到手上就清楚了，不会迷惑。这也就等于智者的“智”。之所以智者能够做到清楚了然，正是因为他不怕吃暂时的亏，能从眼前的吃亏中发现未来发展的机会。

再看看所有卓有成就的人，他们都是不怕吃亏，用大部分的时间考虑未来的发展的人，洛克菲勒便是这样一位成功的企业家，他不惧怕吃眼前的小亏，着眼于明天，不失时机地开发产品或服务，从而使得他的企业能独占鳌头，稳居全球石油企业的霸主地位。

19 世纪 80 年代，约翰·洛克菲勒便以他独有的魄力和手段控制了美国的石油资源。这一成就主要得益于他不怕吃亏，拥有卓越的预见能力和冒险精神。1859 年，当美国出现第一口油井时，洛克菲勒这位精明的青年商人就从当时的石油开发热潮中看到了这项风险事业的前景。

洛克菲勒在与合伙人争购安德鲁斯·克拉克公司的股权中表现出非凡的冒险精神和不怕吃亏的特质：拍卖从 500 美元开始，洛克菲勒每次都比对手出价高。当标价达到 5 万美元时，双方都知道，标价已经大大超出石油公司的实际价值，而且，以这个价钱购买，当时一定会吃亏，但洛克菲勒满怀信心，决意要买下这家公司。当对方最后出价 7.2 万美元时，洛克菲勒毫不迟疑地出价 7.25 万美元，最终战胜了对手。从此，年仅 26 岁的洛克菲勒做起当时风险很大的石油生意。

当洛克菲勒所经营的标准石油公司在激烈的市场竞争中控制了美国出售全部炼制石油的 90%时，他并没有停止前进。19 世纪 80 年代，在秘鲁的利马发现一个大油田，因为含碳量高，人们称之为“酸油”。当时没有人能找到一种有效的办法提炼它，因此只卖 15 美分 / 桶。洛克菲勒却不怕吃亏，因为他相信这种石油总有一天能找到提炼方法，并坚信它的潜在价值是巨大的，所以执意买下这个油田。当时他的这个建议遭到董事会多数人的反对，但他毫不犹豫地说：“我不怕吃亏，我也愿意自己出钱关注这一产品。如果有必要，我会拿出 200 万美元甚至 300 万美元。”

洛克菲勒的决心终于迫使董事们同意了他的决策。结果，不到两年时间，洛克菲勒就找到了炼制这种“酸油”的方法，油价由 15 美分 / 桶涨到 1 美元 / 桶。标准石油公司在那里建造了全世界最大的炼油厂，盈利猛增至几亿美元。

毫无疑问，洛克菲勒是一个十足的不怕吃亏的人，更是一个能看清未来机遇的智者。放弃优越的工作，毅然选择回家创业的王平同样是一位“不怕吃亏，只为明天”的智者。

王平，出生于山区，毕业于国内重点大学。毕业后，已经有多家知名企业愿意和他签约，但他毅然选择了回家创业，办起了一个小型加工厂。放着现成的好工作不做，偏要冒这个险，父母都觉得他吃亏了，为他的前途着急。

开始创业后，王平出差去了新加坡，但当他听说本省的一些果农因为桃子的收购价太低而决定改种其他，都在纷纷砍桃树时，他立马赶了回来，想阻止果农，毕竟桃树种了十几年了。王平马上找到当地的村主任，跟他们签合同，白纸黑字，承诺不管市场价格多少，均以每斤不低于 0.55 元的价格收购桃子。这对果农来说，当然是求之不得。因为当时市场的收购价是每斤桃子 0.35 元，每斤多付 0.2 元钱。这可把果农乐坏了，人们都说这个王平疯了，这下可亏大了！

此外，王平还鼓励果农加大种植面积。为此，他还答应为果农提供种苗、提供技术。对此，人们以为他只是说说而已，当他把大量种苗运来时，果农才相信他是个说一不二的人。

随着全球金融危机的加剧，新笋上市，市场收购价是每斤 0.25 元。这个价比农民的种植成本还低，农民们都叫苦不迭。由于价格低，农民们都不想卖，而有些收购商还想压价，尽可能地降低他们的成本。如此你来我往，互不相让，形成了拉锯战。

可是，如果拖下去，竹笋不及时收割，就会老在地里；如果挖了不出售，就会烂在袋里。当然，长此以往，最终倒霉的是农民。收购商自然看准了这点，暗地里偷着乐。这时，王平又出马了，而且他的决定让大家大吃一惊——他让公司以每斤 0.45 元的价格向农民收购。这是吃亏吃到底了，公司自然是没有一个人赞成的，特别是财务部长，他难以理解，为什么放着0.25元的好价格不出手，偏偏要多花 0.20 元的价格收购呢？但是，不怕吃亏的王平还是拍板决定了。后来，许多农民都雇着车，浩浩荡荡地把竹笋送到公司来。公司一共收购了 80 多吨竹笋，可以说是吃亏吃到底了。

为什么王平甘愿如此吃亏，放着 0.25 元的低价不收，非给 0.45 元的高价呢？后来，在公司的大会上，王平说：“大家想想，农民的种植成本是 0.30 元，如果我们用 0.25 元收购，让农民每斤倒贴 5 分钱，这赔本买卖谁还肯做，这不叫‘竭泽而渔’吗？农民是最讲实际的，吃力不讨好的事他们绝不会再干。这样下去，如果没有人再去种笋，以后我们就没有生产原料，加工也就做不下去了，长此以往，怎么经营呢？所以，为明天着想的话，我们并没有吃亏。这和我之前阻止果农砍桃是一个道理。做生意，就要想着明天，就不要怕吃亏！”

王平的举动才是真正的生意人所为，这也让人有理由相信，王平的公司迟早有一天会飞黄腾达、驰名中外的。

每一个成功者都清楚地知道自己需要的是什么，也都不怕吃亏，懂得如何用吃亏去换取未来的成功，而不是“今朝有酒今朝醉”，事事占尽便宜。“愚者赚今朝，智者赚明天”，这看似简单的一句话，却是开启成功殿堂的金钥匙！

不怕吃亏，器量大者赢天下

器量大者才不会成为井底之蛙，陶醉于头顶上那片狭小天空，而是放眼于蓝天的浩瀚与瑰丽，成就属于自己的雄图伟略。

说到器量大者赢天下，一段古文阐述得非常精辟：“人亦一器也，莫不各有其量。如天地之量，圣贤帝王之所效焉；山岳江海之量，公侯卿相之所则焉。古夷齐有容人之大量，孟夫子有浩然气量，范文正公有济世之德量，郭子仪有福量，诸葛武侯有智量，欧阳永叔有才授量，吕蒙正有度量，赵子龙有胆量，李德裕有力量，此皆远大之器。”

所谓有容乃大，做人切不能器量狭小，处处怕吃亏。正如小的器皿，只能装小的东西；大的器皿，自然能装大的事物。就像天地，缥缥缈缈、浩浩荡荡，所以能成其大，容纳万物。故人只有不怕吃亏，器量大，才能容人、用人、处人、服人，才能有所成就、赢得万人赞叹。袁盎便是因器量过人而挽救了自己的生命，官运亨通。

在袁盎任吴国宰相时，一个从史跟他的小妾私通了。当袁盎知道后，非但没有泄露，反而对待这位从史还跟过去一样。

从史自己却很害怕，悄悄跑掉了。袁盎听说后，亲自追上去，把小妾送给他，还让他做从史。后来，吴国和楚国叛乱，袁盎奉命出使。吴王想让袁盎做将军，他不答应。吴王便想杀了他，派一名都尉率领五百人包围他的住所，将他软禁起来。正巧，从前那个从史就是监守袁盎的校司马。

半夜里，校司马将袁盎从床上拉起来，说：“您快逃走吧，吴王明天早上要杀您。”袁盎不相信，说：“您是什么人？”校司马说：“我过去是您的从史，蒙您赏赐妾侍的那个人。”袁盎推辞道：“您有家属，我不能连累您。”校司马说：“您走了，我也会逃跑，避免我的亲人受牵连，您不必担心！”说完，用刀割破帐篷，领着袁盎跑到安全地方，然后与之分手。袁盎安全回到朝廷，继续辅佐君王，以实现自己的鸿图。

在他人看来，“夺妻之恨”乃是不共戴天之仇，袁盎却能不怕吃亏，甘愿让出小妾，成全从史，如此器量，令人佩服。

诚如“君子坦荡荡，小人长戚戚”所言，纵观天下，大凡在事业上建功立业、叱咤风云之人都是不怕吃亏、胸怀坦荡、宽宏大量者，而绝非胸襟狭窄、小肚鸡肠之辈。乾隆时期便有这样一个鲜活的故事。

兆惠是乾隆的一员大将，因为受到诬陷而被投到狱中待审。这时，一个名叫胡富贵的监狱长因兆惠没有给他送银子而对兆惠进行了残酷的毒打和侮辱，兆惠几乎因此而丧命。兆惠发誓出狱后一定要手刃胡富贵，以雪其狱中所受之辱。果然，兆惠后来雪冤出狱且被封为大将。

之后，兆惠便到处找胡富贵报仇，而胡富贵也因害怕，到处躲着兆惠。乾隆为满足兆惠的报仇愿望，特意把胡富贵调到兆惠的军中，并说：“英雄快意冤仇相报，昔日李广曾杀灞陵尉，朕为什么不能成全兆惠这个心愿？”当时兆惠听了，感动不已。

不料，纪晓岚和傅恒听说后，却对兆惠讲了这样一段话：“士可杀而不可辱，灞陵尉吃醉了酒，李广又是赋闲将军，遭辱忍不下这口气，再掌军权，就杀了这个不晓事的人。很痛快——你的事和他相似。就皇上而言，死一个胡富贵，得一员上将，这个出入账不消算的。但司马迁着文提这一笔，可不是在夸奖李广，是贬说他的器量——韩信受胯下之辱，拜帅之后又用了辱他的人，提这一笔，却是在赞赏韩信——你好好想想。李广百战之功不得封侯，到底是生不逢时，还是他的器量不够？”

听他两人一席话后，兆惠顿感醍醐灌顶，后来他宽恕了胡富贵。而胡富贵后来也成了兆惠手下的一员得力干将，并最终因战功赫赫进入了贤良祠，被后人敬仰。

纪晓岚和傅恒的这段话含义非常深刻，的确，何以李广有百战之功而不得封侯呢？那不是汉武帝冤枉了他，而是他自己器量不够，无法用德行坐稳这个位置。

真正不怕吃亏、器量大者会感谢那些生活中曾经伤害过自己的人，因为正是这些伤害，磨炼了他们的心志，让他们变得更坚强，走上了另一条道路，领略了人生中的不同风景。

年轻时的吴佩孚，染上了抽鸦片的恶习。一次，吴佩孚烟瘾发作了，身上又没有钱，便低声下气地对烟馆老板翁钦生说："翁爷，能不能赊几筒香香？"翁爷见他那副猥琐鬼祟的模样，气往上冲，喝道："你这猪头，也不看看自己是副什么嘴脸，滚出去。"

不仅没实现初衷，反遭一顿凌辱的吴佩孚觉得，"此仇不报，非大丈夫所为也！"于是，他和一帮无赖商量了一个计策——用钱买通一个乞丐，用纸包着粪汁，趁翁钦生夜间从大烟间出来时，劈头劈脑扔上去，弄得翁钦生满面粪汁。

经过多方打听，翁钦生得知扔粪汁的指使者就是吴佩孚，于是他通过县令，派衙役拘捕吴佩孚到案，幸亏吴佩孚在衙门里也有朋友，提前知道了消息，于是他乘夜出逃了。在逃亡途中，吴佩孚得到一算命先生的指点，于是走上了从军的道路，开始了自己的戎马人生。

数年后，吴佩孚带兵在火车站巡视，蓦然看见翁钦生，翁钦生同时也看见了他。翁钦生眼见自己这位生死冤家身着戎装、手握重兵，吓得浑身战栗，暗叹真是冤家路窄，于是脚底抹油，挤入人群想蒙混过关。吴佩孚是何等人物？马上高声大呼："钦生，往哪里去？"言罢，便让士兵不由分说地把翁钦生拉到军营里去。

翁钦生以为自己这一次要去见阎王爷了，准备听凭吴佩孚处置。到了军营，吴佩孚却命令伙房安排酒宴，好酒好肉地招待翁钦生，并和他嘘寒问暖地讲起往事来，非但不把他看作仇人，还亲热得很。他一连留翁住了好几天，最后还替翁买了车票，备了厚礼，亲自执手将他送上了火车。

后来，下属曾问吴佩孚为何不怕吃亏，仇将恩报，他笑着说："如果翁钦生在家乡时没有对我迫害，我就不会逃亡出来当兵，这一辈子也只能在老家落魄一生，更不会有今天出头的日子。所以，他是我的恩人啊，我报答他是应该的。"

有如此胸襟、如此器量的吴佩孚怎能不成功呢？其实器量大终究不会让我们失去什么，不会让我们吃亏，相反，我们还能从中收获快乐和友谊，使得自己的人生之路越走越宽广，越走越顺畅。

俗语说“宰相肚里能撑船”，在如今纷繁的事物、复杂的人际关系、残酷的竞争中，不怕吃亏，器量大度更展示出超然的力量。一旦我们拥有了宽广的器量，便会发现，原来“退一步”真的能“海阔天空”，原来身边人并非不怀好意，原来世界是如此辽阔而美好，原来成功路上是一片风光旖旎、前途无限！

吃一堑，长一智

吃过亏后，我们才能明白现在拥有的一切就是幸福的源泉，并能从中学会经验，让自己未来的路走得更坦然！

“曾经有一份真诚的爱情放在我面前，我没有珍惜，等我失去的时候我才后悔莫及，人世间最痛苦的事莫过于此。如果上天能够给我一个再来一次的机会，我会对那个女孩子说三个字：我爱你。如果非要在这份爱上加上一个期限，我希望是……一万年！”这是《大话西游》中的一段经典台词。的确，人总是在吃亏以后才懂得珍惜，才能从中学会为人处世的一些道理。

人们总是在流过最苦的泪水后，才懂得如今的甘甜来之不易；总是在走过最黑暗的夜晚后，才懂得如今的光明分外迷人；总是在吃过亏后，才懂得如今的安逸难能可贵……其实，吃亏不要紧，重要的是要从中学到经验教训，吃一堑长一智。唐骏之所以能成为盛大网络的总裁，也正源于他不怕吃亏，并能从吃亏中吸取经验，让自己更好地经营事业。

在卡拉OK盛行的时候，唐骏研发了一个专门用于卡拉OK设备上的打分机，演唱者唱完一首歌后，打分机会自动打出分数，这一设备为歌厅增加了不少卖点。

当三星公司知道这一消息后，便以 8 万美元的价格买断唐骏该项专利，随后，其卡拉 OK 设备在整个市场所占的份额一下子从百分之十几提高到百分之三十多。三星的竞争对手日本先锋公司向三星购买专利使用权，花了 150 万美元。三星依靠该项专利成为大赢家。

事后，当人们议论起这件事情的时候，都觉得唐骏特别亏；无独有偶，国内软件行业的旗帜性人物求伯君做的第一桩买卖更亏。他编写的西山打印驱动程序以 2000 元的价格卖给了四通公司后，四通公司将该程序以 500 元一套的价格卖了好几百套。

但是，这两位风云人物在谈到早年的吃亏经历时，没有一丝遗憾，相反，都对当年的吃亏心怀感激，并称自己从中学会了很多经商的道理。

唐骏说："创业之初，我也不怕吃亏，相反，我还乐意吃点亏，因为能从中学到好多东西，这样以后才能少吃亏，才能让自己的基业更扎实。说实话，我是应该感谢三星公司的，如果没有三星来买这项专利，就没有我创业之初的 8 万美元启动资金，也许后来的事业不会有现在这么顺利。"

同时，唐骏也认为，吃过这个亏后，他懂得了要将专利变成商品，这样自己才能从一个学者型的人变成一个事业型的人。

在岁月的漫漫长河中，利益似乎是永恒的存在，也是我们必须关注的存在。常常，在人们的观念中，付出了多少，就该收获多少，人们都害怕吃亏，但是，人生的搏击并不总是公正无私的，吃亏总是在所难免。

这时，我们就该学会正确地认识"吃亏"，若我们能调整心态，不怕吃亏，并学会从吃亏中总结出一两条对人生、事业有所裨益的启发，便为做人的上上之策！维明正因在大学期间做兼职时的不断吃亏，才学到了创业的本领，继而创立了自己的公司，有了如今红火的事业。

维明刚上大学不久，便和同学合办了一份校园报。虽然报纸靠校外小店投入的广告有一些收入，但他们遇到了一个问题：排版、编写、拉广告都没有在行的人手，特别是排版，最后只能自己吃亏，花钱请别人排版。

为了日后少吃这方面的亏，维明在别人排版的时候认真观摩，只要有实践机会，维明都积极参与。

除此以外，维明还通过校内的创业比赛、车票的校园销售等拓展自己的经商经验。随着维明的日益成熟，他和自己的好朋友组成团队，注册公司。

公司刚成立时，所用的费用进出都从维明手上经过。由于缺乏财务管理经验，维明的账本基本上是笔糊涂账，他也因此吃了不少亏。这对团队成员的心态产生了影响，也导致公司没有财务报表交给税务局。最后，维明请了专业的财务公司来处理财务，才解决了问题。

虽然在创业的道路上吃了不少亏，但维明说：“创业之前，就是要不怕吃亏，吃亏能让我们学到很多东西，比如，在真正开始创业之前，要有一个好的项目、一个好团队和足够的启动资金；创业之后，在企业内部，要具备好财务制度、好管理和好营销三要素等，这些都是我从吃亏中学到的，也是对我创业最有指引性的经验。”

吃亏，失去的大多是物质的和暂时的，如果我们能像维明一样坦然处之，不去计较这些，并能从所谓的“吃亏”中吸取教训，认真弥补自己的不足，相信功成名就对我们每个人来说都不再是天方夜谭。

谁都留不住岁月，谁都抹不去经历，所以我们要更加珍惜走过的每段路、度过的每一秒，不要害怕吃亏。事实上，吃亏正是自己战胜困难、解决问题的过程。我们应该用理性的心态来看待吃亏，学会从本质上认识、了解、分析、判断事物，这样，我们才能从吃亏中有所收获，日后才不会在同一个地方跌倒，才能真正做到吃一堑长一智！

第3章

吃亏是运筹帷幄的策略，放长线方能钓大鱼

人分大聪明和小聪明，小聪明者皆是害怕吃亏、贪图眼前小小利益之辈，他们常常只顾当下，缺乏运筹帷幄的策略，最终也难有大的成就。而大聪明者皆不害怕吃亏，甚至愿意主动吃亏以换得将来的顺利发展，久而久之，他们便成为最后的赢家，钓到了理想中的大鱼，反而获得更大的利益，这就是吃亏的学问。

吃小亏占大便宜

吃亏是福，吃小亏占大便宜。但是吃亏也是有技巧的，会吃亏的人，亏吃在明处，便宜占在暗处，让别人被占了便宜还感激不尽，这是智慧。但要想理解和做到则很难。

世上有很多人为了自身的利益，为了不吃亏，或为了多占便宜，而演出一幕幕你争我夺的人间闹剧。“人为财死，鸟为食亡”这句俗话说得真是入木三分。殊不知，吃亏与占便宜，正如祸与福一样，可以相互依存和相互转化。而且更多时候，吃点小反而能占大便宜。

可能有人会问，吃亏就是吃亏，占便宜就是占便宜，怎么能说吃亏反而是福呢？我们不妨换个角度来考虑这个问题：吃点亏，一是内心平静，不七上八下；二是得到旁观者的同情，落个好人缘；三是这次虽然吃点亏，但因获得了道义上的支持，下次可能会得到更多，何亏之有？反之，占了他人的便宜，发点不义之财的人心理上能安稳吗？他们还会失去人缘，落个坏名声。因为占一次便宜而堵死了自己以后的路，可谓得不偿失。所以，吃亏表面是祸，其实是福；怕吃亏的人一般平安无事，而且终究不会吃大亏，所谓善有善报。相反，总爱贪便宜的人最终贪不到真正的便宜，还会留下骂名，甚至因贪小便宜而毁灭自己，所谓恶有恶报。

东汉时期，有位在朝官吏叫甄宇，时任太学博士。他为人忠厚，遇事谦让，人缘不错。有一年临近除夕，皇上赐给群臣每人一只外番进贡的活羊。具体分配时，负责人犯了愁：因为这批羊有大有小，肥瘦不均，难以分发。大臣们纷纷献策：有人主张把羊统统杀掉，肥瘦搭配，人均一份；有人主张抓阄分羊，好坏全凭运气……朝堂上像炸开了窝，七嘴八舌争论不休。这时，甄宇说话了："分只羊有这么费劲吗？我看大伙儿随便牵一只羊走算了。"说完，他率先牵了最瘦小的一只羊回家过年。众大臣纷纷效仿，羊很快被分发完毕，众人皆大欢喜。

此事传到光武帝耳中，甄宇得了"瘦羊博士"美誉，称颂朝野。不久，在群臣推举下，他又被朝廷提拔为太学博士院院长。

回想当今社会，在工作岗位上与同事、领导斤斤计较的人，与大智若愚的人相比，何人笑到最后？有很多人感叹自己的领导没有什么真实才华，殊不知，该领导既能稳坐头把交椅，必是个吃小亏占大便宜的高手。

要做到不计较吃亏，甚至主动吃亏，就需要退让，需要装糊涂。既然认识到吃亏是福，就不要斤斤计较和眼里不揉沙子。在得失上装装糊涂，就能更好地体会出吃亏是福的深刻含义。

"吃亏是福"的奥妙是让着别人，不与人争强好胜，这需要容忍，需要糊涂。既然明白了上述道理，就要把钱财视为身外之物，不要过分计较。睁一只眼，闭一只眼，岂不是更好的人生？所谓"吃亏是福"，需要我们懂得装糊涂，否则，怎么能会吃亏？怎么能由吃亏而得福呢？

郑板桥有言："为人处，即是为己处。"意思是："替别人打算，就是为自己打算。"这与今天所谓"我为人人，人人为我"是同样的道理。如果大家都有吃亏的精神，那么这个世界岂不好得多了？还会有那么多的战争、杀戮、坑蒙拐骗以及种种罪恶和不道德行为吗？这样看来，吃亏就不仅是个人的福分，而是人类的福分了。当然，这并不是说，人立身行事，或在一切商业、政治、外交中都要讲究吃亏，吃亏只是人生的一个谋略，含有“抛芝麻而捡西瓜”或“小不忍则乱大谋”的手腕。

做人如此，理财经商亦然。20世纪买保险的时候，银行利率是10.98%，当时的保险品种利率是8%，多少人打着算盘笑那些买保险的人是傻瓜。9次降息后，笑的人又是谁呢？商家附送赠品是为何？笑脸相迎，称好货物后又抓一把给你的老板娘又是为何？只要你能够领悟“抛芝麻而捡西瓜”的道理，你就真正得到了利益。

温州商人以精明著称于世，以“吃亏”赢取信誉即是他们的一种精明方式。有一位温州籍商人，在陕西铜川开了家机电设备公司，人呼刘老板。一次，有个老客户来买电器配件。客户火烧眉毛要得急，因为，若拿不到这个配件，其所在的企业停工一天将损失5万多元。

刘老板找遍公司存货，都没这个配件。他安慰客户不要着急，并保证在一天之内一定把货搞到。刘老板亲自出马打车直奔西安，谁知西安也没货。他又连夜乘飞机飞赴杭州，下飞机已是凌晨3点。他付了几百元车费又打车赶往温州老家。在温州，几经周折联系了十几个厂家后方才买到那个奇缺的电器配件。为了赶时间到温州机场，出租车路过家门口，他没有叫停以探望二老。当他把货交到客户手中时，一看表，正好24个小时。一个300元的配件，顶多赚30元的利润，但刘老板除受累受饿不说，还付出了3000多元的打车钱和飞机票钱。

客户所在企业第二天敲锣打鼓送来大匾，还带上当地媒体……很快，刘老板甘愿吃亏的事在业内流传，其公司生意也日益兴隆。

刘老板为了给客户买配件，看似亏了几千元，但与他日后赚取的千万元财富相比，又算得了什么？故意吃亏不是亏，而是有着深谋远虑的精明之举。

吃小亏占大便宜，古今亦然。

不打小算盘，要考虑全局

算盘，是我国传统的计算工具。打算盘，则是有比喻盘算、筹划的意思。所以，怎样打算盘，打什么算盘，是一个牵涉事情发展方向的大问题。

有人惯于打小算盘，他们的眼睛只盯住自家算盘上的数字，只要总量增加了，就沾沾自喜；增速超过平均值了，就心安理得；排名顺序前移了，就喜不自胜。他们从来只满足眼前的小进步，争取的都是当前的小利益。此外，打小算盘的人，总是把算盘珠子朝怀里拨，为了一点蝇头小利，打个人和小团体的小九九，算个人得失账、小团体的盈亏账。只求得眼前得益账，至于大局发展受阻，全局利益遭损，都与他们无关，不闻也不问。

与着眼于眼前小利益的人不同的是，遇事考虑全局的人，他们通常既看到当前的情况，做到胸中有数，又纵观全局，清醒自己所处的位置，通晓事物发展的变数。他们有着强烈的紧迫感和危机感，从而瞄准大目标，确立新标杆，千方百计为整体的发展增加胜数。同时，他们总是站在战略的高度，以全局眼光，算总体发展账，算长远效益账，算群众利益账，从不计较个人的得失与眼前的利益。

不同的想法，体现了不同的思想境界，也产生了不同的人生态度。

记得看过一则笑话，说的是一位老人，有人问他："如果生了病，你会去看医生吗？"老人回答说："我会的，因为医生要吃饭。"人们接着问他："如果医生给你开了许多药，你会买吗？"老人回答说："我会的，因为药店老板也要吃饭。"人们再问他："你会把这些药都吃了吗？"老人则说："我会尽量扔掉它们，因为我要活命。"

笑话归笑话，其间却包含了深刻的做人道理：在生活中别太精明。大千世界，人性相通，作为社会中的一分子，每个人的经历、遇到的事情以及心理状态，甚至处理问题的想法，都有着某种共性。你在精打细算时，人家往往也会在对面与你不谋而合。这种情况下，总得有一方作出让步。有太多人认为，吃亏的人怎么也不应该是自己，总是要想方设法地保护自己的利益，眼睛只盯着自己的小算盘，核计得失。而眼界高远的人，明白这其中的道理，会以长久的发展为目标，宁愿放弃自己的小利益，而配合大势的发展。他们这么做并不是要白白放弃自己的利益，而是为了有更长远的发展与合作的可能，人生在世变化万千，每个人与其他人都可能有相遇、合作的一天，所以，时刻为自己留一点情谊在，无论对人还是对事，都是有利而无弊的。相反地，有时候对生活的算盘打得过于精细，表面上看得到了暂时的好处，而实际上丧失的往往是更好的机遇。从心理学角度讲，人们也不喜欢与过于精明的人交往，为什么？怕被算计。

其实，人生在世，原是一种删繁就简的过程。许多时候讲的是大智若愚，谋的是长远、是抓大放小。考虑全局、大事不糊涂，讲究的是一门放长线钓大鱼的学问，这期间的价值，眼前是根本无法算出来的。因此说，做人不能不精明，而这种精明更多的是保持一种放眼长远的健康心态。那些每天抱着一把小算盘，眼盯着每一场买卖死缠烂打的人，就算一生不出一点差错，也清点不出个完美人生。

刘秀一手打平天下，光复了刘邦创立的汉朝，所以在历史上被称为光武帝。他在种种方面都比刘邦好。他对朋友始终如一，不像刘邦得了天下便杀朋友、关朋友。功臣们都善始善终，和他同享富贵。刘秀一共做了三十三年皇帝。割据各方的群雄，如延岑、卢芳、公孙述之流，以及规模较小的刘永、李宪、董宪等，都在他即位后十三个年头以内灭完。

他是一个很会打仗的人，却酷爱和平。他刚把中国统一，就偃武修文，一举废掉郡国每年度的会操。但是，中国历史上的征兵制度，不幸由此而坏。此外，为了军费节约开支，他不肯用兵对付匈奴，任其内迁。于是西域各君长，也纷纷遣使进贡，而且情愿派他们的儿子来当侍卫，作为效忠的保证，请求东汉政府向西域派遣都护，光武帝却闭起玉门关，婉辞拒绝。他之所以如此做，也是为了省事，怕劳民伤财——光武帝不肯花这些“冤枉钱”。

在光武帝所打的小算盘之中，最要不得的是：为了节省刺史们的旅费，叫他们不必多旅行察看或进京报告。于是刺史们坐在各州办公，变成了太守国相之上的地方官，丧失了中央官的身份，不再做中央朝廷的耳与目，慢慢地破坏了集权与统一的汉朝制度。

事实证明，这样一位骁勇善战、重情重义的好皇帝，正是因为自己的小盘算，亲手拆散了辛苦打来的统一。真是得不偿失！

生活中的很多例子，都告诉我们，在思考一件事情时，首先从自我的小算盘里跳出来，把事情置于全局的背景下，分析事情是否合情合理、做法是否恰当。当个人利益与全局利益发生冲突时，要考虑如何决策才会保持双赢，而不能只为了保证个人利益的实现，却使全局利益受损。

古往今来，人们都非常重视全局的重要性，往往强调不谋一域而谋全局，说的就是这个道理。纵横者，天地也。能够做到纵横兼顾者，方是成大事者，也必将是最后的成功者。

为什么“不赚钱”还在经营

所谓经商之道，有很多说法。但是归根结底，就是为了赚钱。商家都想以高价卖出商品、谋取更多利润，而顾客却总想以低价买到心仪的商品，于是商家对于这对矛盾的处理方式，也就成了经营之道的解释之一。当大家都在想尽办法多得钱的时候，你是否发现，其实很多事情都是正反相对的呢？在竞争如此激烈的今天，商家如果肯换一种思考方式，也许会有意外的收获。“不赚钱”的经营之道就是其中之一。

这种经营之道在美国大为流行。例如，有一个叫“汉堡包大王”的连锁店，以推出 99 美分的汉堡包而闻名。这种汉堡包里面夹着牛肉饼、生菜、西红柿、酸黄瓜、一大片奶酪和沙拉油，外加一包番茄酱，既好吃，又实惠，营养也丰富，很受欢迎。可是我们计算了一下，按美国的物价，卖这种汉堡包充其量刚刚够成本。可这样经营又怎么赚钱呢？ 此外，在美国，除了吃的东西不能退货，其他东西都可以退换，包括大减价的商品。退货不需要理由，当然质量有问题更不用说了，就是说，这货物我不喜欢，也可以退。售货小姐连看也不看就把钱退给你，还要说“对不起”“谢谢”。难道商家是傻子吗？宁愿做亏本的买卖？

对于这些看起来不赚钱的经营方法，仔细想一想，就可以发现其中的门道。美国的竞争很激烈，商家要想在市场上站住脚，除了信誉、质量、态度，还要有吸引顾客的本事。有些商品价格压得很低，即使不赚钱，只要能吸引顾客，就可以在别的方面得到补偿，如吃汉堡包的人，总还要吃点薯条、喝点饮料，那就有钱可赚。即使这次不吃别的，但总会有下次。

此外，在市场上，顾客是第一要素，商家要真正做到“顾客是上帝”。只要你的商品有人买，你就得从各方面来满足顾客的要求。不但货物要质量好，品种货样还要多，停车还要方便（美国超级市场旁的停车场都很大，从不收费）。要顾客买东西放心，就必须允许退货，退货的损失并不完全由商店来负责，商店会把这些退货再退回生产厂家。厂家就要根据顾客的退货情况改进质量，并不断创新，推出更好的产品。

美国人在经营方面并不傻，只是他们的眼光长远罢了。他们的“傻”其实是在布诱饵，他们的不赚钱正是为了来日赚大钱。让自己吃一点“小亏”，从而给顾客一个“大便宜”，手法实在是高明。

除此之外，还有一些真的是以“免费”的经营方式来获得利润的，“史密斯－索尼恩”系列博物馆就是代表。这些博物馆对所有人免费开放。在不收门票的情况下，这个博物馆不但没有亏损，还赚了不少钱，这都归功于经营者“不赚钱”的经营之道。

史密斯－索尼恩旗下有 18 个各种主题的博物馆，共有藏品和标本 1.4

亿件，是一家致力于在艺术、科学、历史等领域开展公共教育的研究机构。年度预算高达6.2亿美元。如此庞大的开支，完全依赖政府拨款是不可能的。聪明的经营者根据各个博物馆的主题和特色，研究出多元化的经营模式，从博物馆周边产业中获得的利润因此连年攀升。“免费”对于博物馆来说，不是在“赔本赚吆喝”，而是开创了一个经营者与参观者“双赢”的局面。

由于博物馆不收门票，前来参观的游客明显比其他博物馆多很多。游览了大半天的参观者在离开博物馆时，几乎都想买些纪念品带走，因此，礼品店就成了获得利润的拳头产业，其旗下的所有博物馆内都有不少礼品店。

礼品店里的商品价格低廉是另一个秘诀。经营者通过调查发现，来参观博物馆的人以未成年人居多，而孩子身上一般带有5~10美元的零花钱。为了将这笔钱赚到手，博物馆的礼品店想尽办法开发孩子们喜欢而又买得起的商品。如冰淇淋，一个不过3.95美元，儿童们非常喜欢。此外，博物馆还提供循环播放与展览主题有关的一刻钟电影。因为通过抽样调查得知，3/5的游客希望每次来都能看到新展品。不断更换展品不太现实，于是博物馆制作了这种低成本的电影短片，以满足大多数游客的愿望。由于这样的影片时间短、针对性强，买票观看的人络绎不绝。

为了更方便游客，博物馆还引进了麦当劳、赛百味等快餐店。这样，游客不出博物馆就能吃到自己熟悉的快餐。一年下来，博物馆内的小礼品、快餐、一刻钟电影门票的销售收入共达15亿多美元，上交博物馆利润2.6亿美元。

其实，所谓“不赚钱”的经营之道，并不是要放弃利润，甘于“赔本赚吆喝”，而是讲经商之人要看清盈亏的本质。商家表面上在以不赚钱的方式做生意，其实这都只是吃些“小亏”，用整体和长远的眼光来看，得到的是广大客源和巨大销售量带来的长远和整体的利润。顾客每次购买商品的数量都是有限的，所以，他们更看重本次交易能给自己带来多少实惠，也就是能有多少“小便宜”，如果商家能满足顾客这点心思，那顾客肯定还会光顾，甚至会经常以愉快的心情扩展消费。久而久之，商家赚取了自己的利润，顾客也得到了占尽“小便宜”的满足。所以，聪明的商家正是抓住了顾客的这一心理，采取了表面看似不赚钱，实则大有回报的经营之道。

宁肯吃亏也要维护信誉

当今社会，信誉越来越广泛影响于各行各业。它虽然看不见、摸不着，却像影子一样，穿梭在我们生活的方方面面，默默地影响着我们的形象，并发挥着很大的作用。一个拥有良好信誉的形象，是个人或企业的巨大财富，是外界评价其价值的重要标准。无论是在个人做人方面，还是在企业生产经营方面，拥有良好的信誉，都是其成功的首要基础。因为有了好的信誉，就会增加外界与你的交往，信誉越好，交往频率就越高，也越持久，所以，好信誉就等于好前程。

秦末有个叫季布的人，一向说话算数，信誉非常高，许多人都同他建立了浓厚的友情。当时甚至流传着这样的谚语：“得黄金百斤，不如得季布一诺。”（这就是成语“一诺千金”的由来）后来，他得罪了汉高祖刘邦，被悬赏捉拿。结果他旧日的朋友不仅不被重金所惑，而且冒着灭九族的危险来保护他，使他免遭祸殃。

一个人诚实有信，自然得道多助，能获得大家的尊重和友谊。反过来，如果贪图一时的安逸或小便宜，而失信于朋友，表面上是得到了“实惠”，但为了这点实惠他毁了自己的声誉，而声誉相比于物质重要得多。所以，失信于朋友，无异于失去了西瓜捡芝麻，得不偿失。

当然，维护信誉不是一件容易的事。有些时候，为了履行自己的义务或实现自己的承诺，我们必须付出相应的代价，这代价可能是精力、时间、机会、金钱、未来甚至是生命。也正是因为良好信誉得来不易，所以人们更看重它。因此，想要维护好信誉，有些时候还要勇于付出，甚至要敢于吃亏。

从 1984 年“下海”从事个体经营以来，杨正权始终坚守“诚信”二字。做买卖不掺假，“富”起来积极回报社会，多年来捐赠善款善物总值 600 多万元。在威海，熟悉杨正权的人，都习惯在他名字前面加上“好人”两个字。杨正权有几句“名言”流传甚广，其中一句是他经常讲给员工的：经营者不仅要买卖公平，不掺杂使假、不藏奸耍滑，做到小诚小信，更要着眼行业信誉、百姓利益，追求大诚大信。2008 年秋冬之交，全球金融危机席卷而来，不少原来商定的海产品零售和批发价格大幅下跌，杨正权随市压价出售，而交给供货方的货款却依早协商好的原价兑付。仅与烟台一位供货商的一次海参交易，他就损失了 6 万元，但是，他赢得了异地同行的由衷称赞。

正是因为这样讲究信誉的经营策略，才使得他的事业越做越大，最终成了市场上的大赢家，财富的剧增自不必说，更重要的是，他还得到了“好人”的美名。

所以说，在生意上难免会遇到不顺利的情形，当面临选择的时候，若能舍得自己的小利益，保住信誉，那么，这样的小亏吃得很值得，将来也必定会有更多的回报。

阎士杰毕业于河北工艺美术学校，后来他决定去天津美院自费进修油画专业。但是，要进修必须有钱，进修的费用对于当时的阎士杰来说是一笔巨款。为了筹集费用，阎士杰想到了除夕卖灯笼赚钱。但是，人算不如天算，就在那一年，除夕灯会取消了。第一次尝试就失败了，这对他来说，是个不小的打击。但他并没有因此而绝望，进修没法去了，但钱还是要赚的，他决定转行做装修生意。

1987 年，他用 1000 元钱创办了第一家装饰装修公司。由于受过深刻艺术熏陶，他有着比普通人更加敏锐的眼光和更加严格的要求。凭着良好的美术功底，他把装修做成了一门艺术，同时，也吸引了更多的顾客。

吸引来的不仅是顾客，还有更大的机遇。众口皆碑的声望，居然把市长也吸引过来，他居然要阎士杰的装修公司去装修一个机场候机室。但是，时间只有一个月。市长说：“如果你不行，我马上请别的装修公司。一个月后，飞机场必须通航。”

装修机场候机室，对于阎士杰的小公司来说，是一笔大生意，也是一次难得的机遇。对于阎士杰本人来说，有点儿天上掉馅饼的味道。

但是，馅饼并不是那么容易吃到嘴的，阎士杰答应之后就后悔了，因为他要装修的候机室竟是一个20世纪50年代的破机库，机场空旷得能把狼给招来，工人们只能住在羊圈里。

可是，言必行，行必果。对于一个公司来说，信誉就是生命，就是他们生存下去的资格。阎士杰带着手下一帮工人，开始硬着头皮动工了。整整一个月的时间，他们没日没夜地拼命，不敢有丝毫懈怠和马虎。一个月下来，阎士杰和手下的装修工人已经累得形同乞丐，就是这群累得和乞丐差不多的人，让机场候机室按时完工了。

虽然，不了解项目具体情况的失误，让阎士杰和他的团队吃了很多苦头，但是，最终他们用自己的付出，赢得了属于自己的良好信誉，这对于这个团队来说，是前进的助推器。所以说，在通往成功的路上，要能够低下头，吃些亏，为了维护好自己的信誉，这一切都是值得的。

有容得下吃亏的胸怀，才能成功

谈及成功，每个人都有自己的看法，有人把事业有成看作成功，有人把家庭和谐看作成功。通向成功的道路有很多，不论选择了哪种方式，只要通过自身的努力能实现自己的理想就是成功。成功之路并不是一帆风顺的，它布满荆棘，成功者的自身能力与品德是决定成功与否的关键。在众多品德中，拥有容得下吃亏的肚量，是很重要的。

但是仍然有很多人意识不到这一点，怕吃亏。这些都是目光短浅的人，他们只顾眼前的蝇头小利，最后不是坠入失败的深渊，就是被人唾弃。人的一生就是这样，不能只占便宜不吃亏。那些有远见的智者愿意吃点小亏，从而减少是非，避免不必要的失败。

郑板桥是康乾时代“扬州八怪”之首，诗坛名士，书画名家，他康熙中秀才，雍正中举人，乾隆时得进士。然而居官十年，他洞察官场黑暗，当自觉大丈夫“立功天地，滋养生民”的抱负难以实现时，他辞官回到故里，以卖书画为生。郑板桥以“吃亏是福”“难得糊涂”为最高处世哲学，并身体力行。

放着父母官儿不当，在聪明人的眼里，这不是糊涂是什么？当官时，放着油水却不捞，在聪明人的眼里，这不是亏大了吗？从古到今，聪明人何其多，他们争权夺利，生怕当傻子，生怕吃亏上当，处处精打细算、斤斤计较，无时无刻不在显示自己的聪明才干，处心积虑地执着追逐“权”与“利”。在他们眼里，郑板桥就是一个十足的“糊涂蛋”。

平民出身的郑板桥，不似所谓的“精明者”，他即使当官，也拿得起、放得下，十分洒脱。郑板桥当官时擅自开仓赈济黎民，明知会得罪大吏，会被罢官，但是“糊涂”的他，为百姓不顾凶险，做了让自己吃大亏的事；当看透官场腐败后，他不肯与贪官同流合污，做了让自己更“吃亏”的事，他宁愿辞官归田，以卖画为生，清贫度日，也不肯与“聪明”的达官贵人狼狈为奸，享受肮脏的荣华富贵。郑板桥是清正廉洁、关心百姓疾苦的七品芝麻官，却比所有整日荣华富贵、呼风唤雨、地位显赫的高官都受人推崇，更是名留青史。郑板桥可谓是成功的典范，而他的“吃亏是福”更是一语道破人生的智慧。

认真想想，“吃亏是福”的道理真对。例如，有两个气球，一个好大喜功，总想胜人一筹。当看到同伴的个头和它一般大的时候，它很不服气，因此它努力吸更多的空气。为不使同伴超过它，它贪得无厌地吸食着气体，把躯体撑得又肥又胖，皮肤薄得透明，而且光润有泽。就这样，它还不满足，又把自己的气嘴扎紧，怕漏了一丝空气。当一只手来压迫它时，它仍不肯松口，结果它不堪重负，“砰”的一声破碎了。而另一只气球，不似同伴那样争强好胜，它吸食的空气并不太多，总是保持在自己能承受的范围内，它的肤色当然不如同伴那么光亮，气嘴扎得也不太紧，当那只手来压迫它时，它就毫不吝啬地释放一些空气，虽然损失了一些空气，但它保全了自己，所以这只气球仍然健在。可见，人的肚子必须能容得下吃亏，才能保全自身，坚持到最后，直至获得成功。

很多事实告诉我们，一个追求更大成功的人，不得不忍受小的失败和暂时的牺牲，即不得不吃眼前的亏。每到此时，只有那些心里容得下吃亏的人，最后才能变“亏”为“盈”，获得成功。大家都知道“卧薪尝胆”的故事，勾践后来能够打败吴国，很重要的一个基础就是他能够容忍失败，容忍失败所带来的一切不利——他能容得下吃亏。俗话说：“不经一番寒彻骨，哪得梅花扑鼻香。”只有拥有能容下吃亏的胸怀，才能真正变“吃亏”为“幸福”。人生的道路上有很多变数，当前吃的亏既是挑战，也是机遇。

有这样一个例子，在美国 580 公路附近，有一处光秃秃的山。上面排满了上千台风车，让人想起“风车王国”荷兰。但这里的风车不是木制的，都是钢筋铁骨。漫山遍野的风车随风飞转，场面真是壮观。原来，这些风车都是发电用的。风力发电的好处很多，一是靠自然动力不费钱；二是没有任何污染，可就是造价太高。据说搞这种风力发电的商人，十几年来虽已联网发电，但一直在赔钱，直到最近才收回了投资。而今后，就是赚钱的时期了。

由此可见，眼前短暂的吃亏，是有必要的，也是值得的。后面的成功全部是前面铺垫、付出的结果。因此，为了大局，为了事业，为了安宁，为了家庭，为了美好的人生，每个人都需要拥有能容得下吃亏的肚量。

第4章

吃亏是精明睿智的妥协，舍得小利方得大益

俗话说，“占小便宜吃大亏”，说的正是得不偿失的道理；而“吃小亏占大便宜”，说的正是有舍必有得，舍得小利才能有大益。佛家讲究“舍得”：要得必先舍。那些不怕吃亏，不与他人计较，自愿舍得的人，往往是大智若愚之辈，皆是出类拔萃的人中龙凤！

“吃亏”是一种长远的投资

在生命中，我们不妨为自己多做点“投资”，多一点“吃亏”，是未来的福气。

对于个人而言，一个未知的未来就像是充满分叉的树干，在发展的过程中拥有无数的可能性。此时的停顿可能是为了下一步的飞跃；此时的转弯可能孕育了新的方向；此时的“吃亏”可能是为了赢得更美好的前程……所以，适当的调整是必不可少的，而适时的“吃亏”也是一种对未来的投资，舍得“吃亏”才会收获美好的未来。

在生活中，害怕吃亏常常得不到回报，因为你会因生怕吃亏而处处小心、谨慎，甚至裹足不前，这样就丧失了很多前行、进步的机会。小李正是因为不怕吃亏，将一切时间“投资”于学习中，才迎来了事业的新机遇。

小李是一名司机，每天工作起早贪黑，十分辛苦。与他同在司机班的一群同事，总是抱怨生活，他们认为自己白天奔波运输，很累很辛苦，还总是质问为什么别人的工作轻松自在，自己却辛苦劳累。于是，他们在休息的时间里，总是以打牌或去唱卡拉 OK 打发时间，抒发愤懑。唯有小李不与他们为伍，他每天都快乐地完成分内的工作，并在开车时听国际英语电台；下班后认真把车擦洗干净以后，就趁休息时间，拿着中学英语课本、《新概念英语》苦读，并经常向其他部门英语好的同事请教，几年下来，他的英语已经达到了一个相当不错的水平。没多久，他提出了辞职，去隔壁一家港资公司做了对外联络员。

辛苦的工作之余还不能休息，是不是很吃亏？大家都去享受生活，而自己却要辛苦地背书，是不是很吃亏？然而，最后的结果却告诉我们一个道理，适时的“吃亏”是一种投资，未来的改变正源于此。小李的成功，正是他长期自我投资的结果，他用实际行动告诉了同事们，不用再羡慕别人轻松、舒适的工作了，适当地投资自己，你也可以改变生活。

历史上，也有不少人用事实向我们证明了这个道理。长孙皇后就是其中之一。

李世民当了皇帝后，长孙氏被册封为皇后。当了皇后，地位变了，她的考虑更多了。她深知，作为“国母”，其行为举止对皇上的影响相当大。因此，她处处注意约束自己，处处做嫔妃们的典范，从不把事情做过头。她不尚奢侈，吃穿用度，除了宫中按例发放的，不再有什么要求。她的儿子承乾被立为太子，好几次，太子的乳母向她反映，东宫供应的东西太少，不够用，希望能增加一些。她从不把资财任意挥霍，从不搞特殊化，对东宫的要求坚决没有答应。她说：“做太子最发愁的是德不立、名不扬，哪能光想着宫中缺什么东西呢？”她不干预朝中政事，尤其害怕她的亲戚以她的名义结成团伙，威胁李唐王朝的安全。李世民很敬重她，朝中赏罚大臣的事常跟她商量，但她从不表态，从不把自己看得特别重要。皇上要对她哥哥委以重任，她坚决不同意。李世民不听，让长孙皇后的哥哥长孙无忌做了吏部尚书，皇后派人做哥哥工作，让他上书辞职。李世民不得已，便答应授长孙无忌为开府仪同三司，皇后这才放了心。此后的朝政官任中，长孙无忌也经常受到皇后的教导，成为一代忠良。

长孙皇后得意时能够居安思危，以身作则，不惜让自己和亲人吃亏，也要保护制度和公平。这样做，乍看之下，是吃了不少亏，但是，她换来了世人的敬仰爱戴和皇帝的信任，还让自己的德行感染到周围的人，为朝廷作出了贡献，从而名留青史。

回到我们现实生活中，也能发现很多类似的事情。买保险就是这个道理。当然，对于保险这种家庭或个人的投资项目，有的人会认为，买别的东西时，我们会当即得到某种商品或获得某种服务，而我们在花钱买保险的当时什么也得不到，只是承诺在我们日后遭遇某种损失时才能获得赔偿（养老保险是在达到一定年龄时才有回报，但因人的死亡时间无法预测，所以回报多少也是一个未知数），这样，我们买保险的钱就可能“白花”，或者花得多而得到的收益少。这就如同早晨上班时看天有些阴，便带了把伞，结果到下班时天也没下雨，伞不是白带了吗？

其实，这种想法是不对的。保险是什么？保险是“集千家万户之财，救一家一户之灾”，是一种互助共济的有效方式。我们买保险花的钱，实际上买的是个人财产的安全和老年生活的保障，而不是日后可能发生也可能不发生的“赔偿费”。人们在日常生活中知道，过日子不能随时都吃光花净，总要“留一手”，以备日后遭到不可预测的损失时之需要。

因此，现代人很多都买保险，而且有的项目保险费极高，如果没有发生意外，这笔巨款就白扔给保险公司了。看似很吃亏的事，为什么还有那么多人坚持买保险呢？

想想就会明白了，买保险和不怕吃亏有异曲同工之妙，买保险是人们对未来实施的一种保障，不管能否启用；而不怕吃亏，则是对日后各种机会的一种投资，不管是否能把握好。因此，在生命中，我们不妨为自己多做点“投资”，多一点“吃亏”，说不定这就是未来的福气，能为我们的命运带来转机。

舍小利，保大利

在这个世界上，我们想得到的东西太多了：金钱、地位、荣耀、感情……

若要我们舍弃这些，恐怕没有人会心甘情愿。记得有这样一个小故事：在海边，一艘渔船旁挂着两张网，一张密，一张疏。密的那张网眼小，渔民说：它是用来在浅海边拖小鱼小虾的。依我们看，只要网绳结实，细密的网应该是最佳的捕鱼工具，因为小鱼小虾都不能漏网，何况那些膘肥体壮的大鱼？然而，渔民却指着细网说：它是捞不上大鱼的。因为在捕捉大鱼前，网内早被小鱼小虾占满，大鱼在此已无“容身之地”。渔夫还感叹地说，他们之所以总捕不到自己梦寐以求的大鱼，就是因为自己使用的网眼太小，无法放弃那些本该放弃的小虾小蟹。听了这个故事，我们不禁想到，人生何尝不是如此——舍小利方有所得，小而不舍自是不得。

只是更多的时候，我们认识不到这一点，总认为眼前看到的利益才是实实在在的，心里想的也是怎样保证眼前的利益不受损失。殊不知，这样做只会任机会溜走，不但不会有所得，甚至会失去更多。

有位意大利商人维埃利迪和他尚未成年的儿子一起出海旅行。他们随身带着满满一箱的珠宝，准备在旅途中把珠宝卖掉。但是，他们没有想到，同船的水手们已经知道了箱子里的秘密，并计划着如何得到他们的珠宝。一天，维埃利迪偶然听到水手们在交头接耳，密谋着如何实施他们的抢劫计划。维埃利迪吓得要命，试图想出个摆脱困境的办法。维埃利迪把听到的情况告诉自己的儿子。

儿子听后勇敢地说：“同他们拼了！”

“不，”维埃利迪回答说，“他们会杀了我们的！”

“那把珠宝交给他们？”

“也不行，他们还是会杀人灭口的。”

过了一会儿，父子俩假装争吵，并开始互相谩骂，水手们好奇地聚集到他们周围。维埃利迪突然冲向小屋，拖出了他的珠宝箱。

“忘恩负义的东西！”维埃利迪尖叫道，“我宁肯死于贫困也不会让你继承我的财产！”

说完这些话，他打开了珠宝箱，当水手们看到这么多的珠宝时都倒吸了口凉气。维埃利迪又冲向了栏杆，在水手们还没有反应过来之前，将他的宝物全都投入了大海。水手们虽然很心疼那些珠宝，却也无法挽回，只能作罢。

维埃利迪父子平安上岸后，维埃利迪对儿子说：“我们只能这样做，孩子，再没有其他的办法可以救我们的命！”

“是的，”儿子回答道，“您的舍弃是明智的，它换回了我们的命！”

这个故事告诉我们：舍弃小利不仅可以换回转机，还可以挽救生命。因此，全看你怎么看待这得失之间的价值了。

在现实生活中，我们经常要面临这样的选择：若要更进一步，必然要放弃一些东西。就像古代士子为了赶考，必须放弃家中安逸生活，辛苦进京；现代女孩若要拥有美妙的身材，就必须放弃一些美味佳肴……这样的舍小利保大利的情况实在太多了。相同的是，如果真正做到了这一点，那成功就一步步地向你逼近了。

有这样一个生意人，人称他旺哥。他是个人物，不仅是因为他的茶庄生意经营得兴旺，更重要的是他的一套生意经为商海人士所称道，值得我们一番品味。

旺哥的眼睛之“亮”远近闻名。想当年，他一个农村木匠出身，日子过得清苦。而当他看到家乡的茶叶产量已不是一个小数时，眼睛便为之一亮。他立即用自家的几间老屋开了个茶厂。茶厂利润果然不菲。正值他的茶厂如日中天时，他又精明地发现开茶厂不如搞茶叶销售。于是他在别人不解的目光中全然放弃了茶厂，来城里开了茶庄。事实证明，旺哥的眼光着实准确无误。短短几年间，他的茶庄让他获得了丰厚利润。而当别人都沉浸于茶庄生意好做、“钱”景光明之时，他早已在思考如何去打响茶叶品牌，宏扬茶道文化。他的茶庄率先注册了商标，开设了网站，连店面的装饰都颇为讲究。人们都说进旺哥店里买茶也是一种享受。近日，有人见旺哥沉默不语，问之才晓得他那双眼睛又已瞄准茶楼。原来他又发现茶楼比茶庄更赚钱。旺哥说，做生意就要“火眼金睛”，做到别人无我有，别人有我新，别人新我更新。

旺哥的“舍得”之理有口皆碑。旺哥常说“舍得舍得”，就是有舍才有得。因此他舍得花钱。花钱作茶叶研究，花钱请专家指导，花钱不远万里去学习参观；他也舍得在营销过程中“疼痛”。有几年茶叶价格连续下跌，不少茶商便关门停业，走一步看一步。可旺哥不同，门面照样大开，比进价还低的茶叶照样卖，明知得亏血本的合同照样完成。要说旺哥也算个富翁，没是要去和零买零售的市民讨价还价，谈斤论两，而他却舍得花时间去做一分一角的小生意。旺哥说积少成多嘛，“舍得”其实就是要目光远大，舍小利得大钱，舍眼前赢大局，放长线才能钓大鱼呀。

的确，欲做生意先做人，欲成功做人先不怕吃亏，瞄准机遇不放手，先舍后得最长久，不怕吃亏得福报，这就是一本万利的“做人经”，要知道，不怕吃亏的人，常常能获得更大的回报，拥有更顺利的人生！

贪心不足，一事无成

贪心不足，一事无成。人生载不动太多的贪欲，要学会坚决果断地放下，不要害怕吃亏，吃亏是为了日后的获得！

常言道：贪心不足蛇吞象。生活中这样做人的比比皆是：什么都生怕吃亏，什么都不愿放弃、不知满足，结果呢？只落得竹篮打水一场空。

现今社会飞速发展，生活形态也发生了诸多变化，这导致人们心中的欲望也空前膨胀：有人一夜暴富，让我们跃跃欲试；名牌商品漫天飞，让我们蠢蠢欲动；香车别墅皆诱惑，哪能心如止水……很多时候，我们会被外在的物质所惑，想将其统统归于己有，舍不得放下，舍不得吃亏，于是心中充满了矛盾，承受着极大的压力，以至于活得好累，甚至到最后什么都没有得到。

当私欲遮蔽了你的心智，贪心就会使你一错再错。贪欲的膨胀，将简单变得复杂，将轻松变得沉重，快乐就此烟消云散，生怕吃亏的结果就是什么也没有得到。做人大部分的痛苦来自于欲望不能满足、对事事斤斤计较。

一味地贪心、生怕吃亏、不知满足，那绝对是一大错误，你也会为之付出惨痛的代价，毁掉自己的一切希望。

一股细细的山泉，沿着窄窄的石缝，叮咚叮咚往下淌，不知过了多少年，竟然在岩石上冲刷出一个鸡蛋大小的浅坑。奇怪的是，山泉不知从哪儿冲来黄澄澄的金砂，填满了小坑，天天不增多也不减少。

有一天，一位砍柴的老汉来喝山泉水，偶然发现了清冽泉水中闪闪发光的金砂。惊喜之下，他小心翼翼地捧走了金砂。

从此，老汉不再受苦受累，不再爬山越岭砍柴。过个十天半月的，他就来取一次金砂，不用说，日子很快富裕起来。人们都感到蹊跷，不知老汉交上了啥财运。老汉对这天大的秘密守口如瓶，上不告父母，下不告妻小。

老汉的儿子跟踪窥视，终于发现了爹的秘密。他在认真看了窄窄的石缝、细细的山泉和浅浅的小坑后，埋怨爹不该隐瞒这事儿，不然早发大财了，现在这条缝太小了，太吃亏了。于是儿子向爹建议，拓宽石缝，扩大山泉，不就能冲来更多的金砂吗？爹想了想，自己真是聪明一世、糊涂一时，怎么就没有想到这一点呢？

说干就干，父子俩叮当叮当，很快就把窄窄的石缝凿宽了，山泉比原来大了好几倍，坑也被凿得更深。父子俩累得大汗淋漓，想到今后可以获得更多的金砂，高兴得喝了好多酒，醉成一摊泥……

父子俩后来天天跑来看，却天天失望。金砂非但没增多，反而从此消失得无影无踪。父子俩百思不得其解，金砂哪里去了呢？

可想而知，水流大了，金砂还会沉淀下来吗？贪婪的父子俩连原来的金砂也失去了，什么都得不到了。

做人不能没有欲望，欲望是前进的动力，但人不能有贪欲，不知满足、生怕吃亏。因为，贪欲是无底洞，你永远也填不满它。贪婪是一切祸乱的根源，会给你带来无穷无尽的烦恼和麻烦，成功做人必须控制贪欲。鱼和熊掌不可得兼，若你不想吃亏，都想霸在手上，就会忘乎所以，失去理性，走上极端，最终毁在“贪”字上。

据说上帝在创造蜈蚣时，并没有为它造脚，但是它仍可以爬得像蛇一样快。有一天，它看到羚羊、梅花鹿和其他有脚的动物都跑得比自己快，心里很不高兴，觉得自己吃亏了，便嫉妒地说：“哼！脚越多，当然跑得越快。”于是它向上帝祷告说：“上帝啊，我希望拥有比其他动物更多的脚。”

上帝答应了蜈蚣的请求，他把好多好多的脚放在蜈蚣面前，任凭它自由取用。蜈蚣生怕再吃亏，便迫不及待地拿起这些脚，一只一只地往身体上粘，从头一直粘到尾，直到再也没有地方可粘了，它才依依不舍地停止。

它心满意足地看着满身是脚的躯体，心中暗暗窃喜：“现在我可以像箭一样飞出去了！”

但是等它开始要跑时，才发觉自己完全无法控制这些脚。这些脚噼里啪啦地各走各的，它非得全神贯注，才能使一大堆脚不致互相绊跌而顺利地往前走。这样一来，它反而比以前走得更慢了。

生怕吃亏的蜈蚣落得如此下场，是谁之过呢？自然是贪心惹的祸。面对难填的欲壑，我们应尽量享受已经拥有的，否则，自己苦心经营的美好生活就会倾刻之间贪心毁得灰飞烟灭。减少私欲，不要怕吃亏，要使我们从欲念的无底深渊中得到释放与自由，这样做人才真实，富有质感。六欲不能太重，七情不能太多，这样，才能不为贪心所左右，真正聆听到心的声音，理解做人的真谛。

对付贪心不足最有效的方法就是学会放下、不怕吃亏。放下是一种美丽，是一种心灵的豁达，学会放下是一种智慧；不怕吃亏是一种睿智，是一种心灵的释放，一种做人的洒脱。为了快乐，我们必须不怕吃亏，学会放下一些物欲上的诱惑，学会对贪心的控制。其实学会放下、吃点小亏并不难，人生的许多东西都是“生不带来，死不带去”的，得到你该要的、该有的就够了，剩下的，慢慢淡忘吧！

当你学会舍弃、不怕吃亏后，你会发现眼界豁然开阔，人生中有了更多更美的风景，而你也在简单的生活中享受到了更多的快乐。做人，多数东西并不容易改变，容易改变的，是自己的态度和心情，只要你觉得满足，你就是天底下最富有的人；只要你不怕吃亏，你就是最豁达的人！

摒弃过多的欲望

高质量的生活是爱，是宽容，是不怕吃亏，是摒弃过多的欲望，是欣赏美好的事物，是知足常乐……

诚然，每个人都是有欲望的：或是权欲，或是名利欲，或是占有欲，或是贪欲……所有的这些欲望都是人生在世无法避免的，都会或多或少地影响人的情绪、生活，若是不加克制地任由欲望膨胀，其结果可想而知。因此，千万不要纵容自己，尝试着吃点亏，对自己严格一点儿，摒弃过多的欲望，你的人格和情绪会变得更完美，生活质量会变得更高。

那些真正开心而伟大的人往往能主宰自己的性情，统治自己的心灵，控制自己的欲望。他们能用快乐的解毒药来消灭忧虑，解除烦闷；能像水温调节器一样调整自己的欲望，不怕吃亏，当欲望太多时，就将冷水管的龙头打开。在这方面，刘名君为我们树立了典范。

“做领导先做人，万事民为先”是刘名君荣辱观的集中体现，刘名君自己也在日记中写道，“公司的同事比天大”，自己要“永做同事们的公仆”，掌好权、用好权，不怕吃亏，不被欲望牵着鼻子走。为此，他要求自己“多为同事们谋取利益、办实事”，“正确使用权力，正确对待自己，正确对待一切事务”。

正确的欲望观使刘名君能够在工作中摆正自己与同事、个人与组织的位置，从而赢得同事的敬重和爱戴，大家都叫他“为民领导”。当下，有个别领导自认为高人一等，与部下隔着一段距离。刘名君对此十分反感，他曾对一名身边的同事说过，在生活上我们不分职务高低，是朋友。他主张，在工作中，上级和下级只是分工不同，都是给公司干事，大家“要保持独立人格，不要搞成人身依附关系”。

正因为有如此清醒的地位观、权力欲，所以刘名君在身居高位之后还交了许多同事朋友，包括残疾人朋友。公司附近有一家小小的湘菜馆，老板是一名身有残疾的农民，刘名君每次加班，都要到他那里吃饭，每次还要特意给老板带一点礼物。

对此，同事们都非常纳闷，刘名君与这位老板非亲非故，店里的饭菜味道也一般，并无特殊之处，为什么刘名君不怕吃亏，还经常送老板礼物呢？原来，刘名君用种办法既可了解公司周围的状况，又可以照顾这位残疾老板一家的生计。就这样，一来二往，他们成了朋友。

还有一次，刘名君到老家出差，发现一位老人在远处招手，村干部向他解释，这是村里的长者，90多岁了，没见过大领导，想看得清楚一些。于是，刘名君笑着走过去和老人合了影。

此外，刘名君认为，做公司领导，就必须以义利观为基础，重在坚持廉洁奉公，摒弃过多的欲望。他曾在日记中写道：要严防等价交换原则侵入公司生活，要保持晚节，盖棺论定，终其一生。而刘名君也真正做到了这点，经受了各种诱惑和考验，做到了“灯红酒绿不迷眼，不义之财不沾手”。

刘名君常常提醒自己，摒弃过多的欲望是领导保持上进、真正和同事站在一起的内在要求。为了做到这一点，他努力把握两个环节。

一是严格要求自己，“对待身外之物要铁石心肠”，要凛然正气，使人望而生畏，“不给别人一点送礼的由头，不让自己有半点过多的欲望，不请客，不公开自己的喜好，不收受下属的礼物、礼金。”二是严格要求家人和身边的同事，刘名君从不准家人坐自己的车，沾自己的光，打自己的牌子办事。刘名君的做法得到了家人的支持，他的妻子一直坚持“三不”：不帮人向刘名君带任何信，不传口信，不接受任何礼品。一次，有人要给他送一个信封，妻子为之坚拒，说：“这是送错误给我们，绝对不能收。”正是由于“前门”“后门”都守得很严，都能摒弃过多的欲望，刘名君才做到了廉洁奉公，成为克制欲望的模范，艰苦朴素的模范。

所谓知易行难。刘名君始终践行着不怕吃亏、摒弃过多欲望的观念，勤勤恳恳，廉洁奉公，从自己做起，从身边做起，从点滴做起，实数难得！而他也经常警示自己：“观念的动摇，必然导致思想道德防线的全面崩溃。”他告诫自己：“大浪淘沙，警钟长鸣。”他提醒自己：“慎独、慎微、慎始、慎终。”他引用先贤的名言激励自己：“路漫漫其修远兮，吾将上下而求索。”这些，都值得我们追随和学习。

七情六欲，人之常情，但常常有人会滋生超出自身条件许可范围的欲望。若不能坚决地克制自己的欲望，并且不想办法使自己摆脱欲望的控制，那么我们的灵魂就会被欲望的魔鬼所控制，以致失去自我，所以，我们要养成良好的习惯，要不怕吃亏，摒弃过多的欲望。

我们若想在人生之路上拥有高品位的生活质量，就必须戒奢克俭，节制欲望，只有有所弃，不怕吃亏，才能有所得。若是你总不满足于现状，害怕吃亏，就会滋生更多的欲望，为此，你又去忙于实现更多的欲望。这样的话，怎么能放松下来，怎么能快乐起来呢？

所以，不能把生活的质量放在实现各种各样的欲望上，一山还有一山高，欲望是无法满足的，关键在于我们要知足常乐，按照自己的准则去做人做事，以求得心灵的安宁和人生的幸福！

第5章

吃亏是甘于付出的心态，多做一点赢得更多

不怕吃亏是一种美德，是一种豁达的心胸，是不为小事斤斤计较的良好心态。那些甘愿为别人付出的人，无论物质上是否富有，他们都是精神上最富有的人，是最开心的人，因为他们从付出当中获取了成就感。也因为不怕吃亏，所以避免了他人的憎恨、妒忌和怀疑，让自己更有亲和力，也拥有丰富的人脉关系。这些都是他们能在事业上取得不凡成就的不竭动力！

情愿付出，总有收获

有首歌唱道：“不经历风雨，怎么见彩虹？”其实，这风雨的背后正是汗水的付出。若情愿付出，你一定会得到意想不到的收获、看到美丽的彩虹高悬天空。

在我们的人生之路上，想要有所收获，付出是无法避免的。毕竟，天上掉馅饼的事情只有在梦中才能遇到，别人手中的鲜花也不属于你。在荆棘遍野的命运之路上，看着条条荆棘，难免滋生退避三舍之感。但只要我们情愿付出，能忍住被荆棘划过时的剧痛感，那么胜利的女神一定会向你展露最美的笑容。

付出不一定有收获，但是不付出就必定没有收获。日常交往中，只有自己情愿付出，才能收获回报。比如，朋友之间，越是心底无私，坦诚相待，赢得的友谊就越多。正如曾经有一位哲人说过：你只有懂得付出，你才能拥有财富。鲍翠玉对生活也是这样的理解——生活是付出，也是享受和收获。

第七届湖北省青年科技奖的4位女性获奖者之一鲍翠玉说，科学无国界，同样科学也无性别之分。在研究领域，有的只是在体力和思维方式上的区别。但是，女性要取得成就，需要承受更大的压力，付出更多的心血。

但同时，她也坦言，“生活是一种付出，是不断完善自己的社会角色而努力地付出；生活也是一种享受，是在不断努力付出后取得收获的享受。”

为了更好地进行科研工作，鲍翠玉组建了学校第一个研究生教学及教职工科研基地，在她担任副主任期间，多次接受全国专家、院士及省教育厅领导的检查评估，受到专家的一致好评，同时，她也付出了大量的心血研究省自然基金课题、省科技攻关课题和省教育厅青年课题，这些课题都是关于骨髓干细胞心肌再生方面的研究。对此，鲍翠玉说：“目前干细胞移植治疗疾病是医学研究前沿领域，对于心血管疾病的研究也是一个新生的研究领域，我希望自己在此方面能有所创新、有所收获。”

的确，付出、收获、享受，就是生活的真谛，对鲍翠玉如是，对世人同样如是。大海深邃，为鱼儿们付出了多彩的生活空间；大地广博，为万物付出了缤纷的生活希望；天空高远，为鸟儿们付出了斑斓的生活领地。

我们的生活亦是付出与收获轮回着，付出不是吃亏，而是正在为收获谱写着动听、美妙的华丽乐章。有一则寓言故事，阐述的恰是这个哲理。

赵秀才与钱商人死后一起来到天堂，上帝看过功德簿后对他们说：“你们二人前生没有做什么坏事，我特准许你们来生投胎为人。但现在只有两种人生方式让你们选择，一种是做付出的人，一种是做索取的人。也就是说，一个人需要过付出、给予的人生；一个人需要过索取、接受的人生。”上帝说完，便让赵秀才和钱商人慎重考虑后再作选择。

赵秀才心想，生前我的日子过得并不富裕，有时还填不饱肚子，现在准许来生过索取、接受的生活，也就是吃、穿都是现成的，我只用坐享其成就行了，什么都不用干，那样真是太舒服了。想到这里，他第一个说道：“我要做索取的人。”

钱商人看到赵秀才选择了来生过索取、接受的人生，自己只有付出、给予这条人生之路可供选择，他还想到自己生前经商赚了一点钱，来生就把它们都施舍出去吧。于是，他心甘情愿地选择了过付出、给予的生活，做一个付出的人。

上帝看他们选择完了，当下判定二人来生的命运："赵秀才甘愿过索取、接受的人生，下辈子做乞丐，整天向人索取饭食，接受别人的施舍。钱商人甘愿过付出、给予的人生，下辈子做富豪，行善布施，帮助别人。"

看吧，情愿付出与给予的钱商人，他终不会吃亏，人生的结局终不会太坏。鲜艳夺目的鲜花，情愿付出自己婀娜多姿的脸庞来点缀世界，同时也接受了阳光的洗礼，细雨的滋润；笔挺高大的树木，情愿付出自己参天的绿荫来还路人一片阴凉，同时也接受了人们的浇灌，鸟儿的陪伴；涓涓流水，情愿付出自己甘甜清澈的血液来造福路人，同时也接受了雨水的恩赐，鱼儿的活跃……情愿付出的结果，将是收获取之不尽、用之不绝的一切。

一个下雨的下午，一位老妇走进匹兹堡的一家百货公司闲逛。大多数售货员只对她瞧上一眼，然后就自顾自地忙着整理货架上的商品，以避免老太太麻烦他们。其中一位年轻的男店员看到了老太太后，立刻主动地向她打招呼，很有礼貌地问她，是否有需要他服务的地方。老太太说，她只是进来躲雨罢了，并不打算买任何东西。但这位年轻人仍有礼貌地说，没关系，欢迎她待到雨停了再走。

男店员一直主动地和老太太聊天，以显示他确实真诚地欢迎她。当老太太离去时，男店员还陪她到街上，替她把伞撑开，这位老太太向这名年轻人要了一张名片，然后径自离开了。后来，男店员完全忘了这件事情，直到有一天，他突然被老板召到办公室，老板给他看了一封信，是那天那位老太太写来的。老太太要求这家百货公司派一名销售员前往苏格兰，代表该公司接下装潢一所豪华住宅的工作。

原来，那位老太太就是美国"钢铁大王"卡内基的母亲，而她指名的销售员就是从始到终对自己彬彬有礼、热情有加的男店员。

装修"钢铁大王"的豪宅是项交易金额数目巨大的工作，对男店员的发展十分有利。试想，如果他当初不情愿付出自己的热情和礼貌，如今如何会收获这样一个绝佳的发展机会呢？

情愿付出就是我们的一种修养、一种品质，也是我们的立身之本。人生就像耕作一样，播种、插秧与除草，期间的每一个步骤都需要心甘情愿地付出，因为，在秋收时分，唯有努力付出才会有丰厚收获。

情愿付出，我们就永远有可以收获的资本。只要情愿付出，我们的明天定会辉煌；只要情愿付出，我们的梦想定会实现；只要情愿付出，我们的生命定会精彩！

加班是福，学会享受

既然选择了一个工作，就说明我们是热爱它的，并且愿意为它付出。而加班若是工作中无法避免的，那我们就应该调整心态，主动积极地去面对，在加班中寻找快乐，享受自我提升的满足感。

在工作中，不少人应该都有这样的烦恼：工作没做完还要加班，难得的休息日还得加班，加班甚至没有相应的加班费，太吃亏了。我们都希望每天不用超时工作，可以准时下班。其实，这就是事业的围城，没有人能逃得出，也逃避不了，既然如此，不如调整好心态，好好享受吧，难保不是“塞翁失马，焉知非福”呢！

一项权威调查显示，乐意加班的上班族往往更受老板赏识，尤其是那些快乐加班族，因为他们对老板的看法较正面，能调整好心态，认为加班不是吃亏，而是提高自己能力的好机会，对事业发展有帮助。如此一来，他们自然没有什么抱怨，反而工作得兢兢业业，越来越受到老板的器重。露露便是其中之一。

露露是一家旅游公司的业务员。露露说，每当人们享受春节和“十一”等法定节假日时，她们这行的从业者是最繁忙的。“对我来说，我还觉得加班是福呢，总比清闲好。”她说，在刚刚过去的春节期间，她谈了两笔业务，轻轻松松就拿到了好几千的奖金。对于加班工作的收获，露露表示很满意。

露露说，现在许多行业加班都没有加班费或加班费很少，但即便没有加班费，也可以从加班中得到其他收获。“我们通常在下班后，还会自愿加班，积极联系客户，我想，在工作上更积极，总会有收获，而且会给老板留下一个好印象，得到老板的赞赏，这对你将来的发展是非常有帮助的。再说，日积月累，自己的阅历会得到质的飞跃。”

诚如露露所说，加班是福，总比清闲好。既然已经来加班了，不管我们心情如何，都得完成任务，那不如把加班当成一种享受，快乐地度过自己的工作时光。

加班的时候，不妨调整好心态，不要破坏心情，让自己处处往好的一面想，不要害怕吃亏，加班可能会有点辛苦，但加班能让我们安静下来，是一个非常好的学习的过程，能让自己有可能接触到全新的工作，从中学到自己欠缺的知识。同时，利用加班的时间，还能回顾一下以往的工作，从中找出工作重点或方法，进一步提高自己的工作能力。明薇就是这样一个在加班中充实自己、完善自己的快乐加班者。

明薇是幼儿园的老师，主要负责推广普通话教育。眼下，新招进来的幼儿园教师的普通话都达标了，明薇还加班忙什么呢？明薇说，有一张合格证书不等于拥有了规范使用语言文字的能力，她的目标是让教师有规范使用语言文字的意识，成为推广普通话的模范。明薇常跟老师们说，只要稍加留意，你一定会发现那些可笑的错误。比如，你吃饭吃过了吗？此外，书写错误、发音错误更是比比皆是。你们不要不以为然，以为孩子年纪小看不懂、听不懂。要知道，养成这样的语言习惯就会影响孩子在关键阶段的语言学习，会影响幼儿园在大社会中发挥的教育作用。

明薇平时要带班，根本没有精力做推普员的工作，只有利用加班时间来做这项工作。所以，几乎每天下班后，明薇都会留下来，对教师的案头工作咬文嚼字，去校园的每一处查处每一个错别字，每发现一处不规范就记录在册，并且在幼儿园的公告栏中特设了“咬文嚼字”栏目。明薇说，她相信细节决定成败，只要能提升老师们的职业素养，为小朋友们的语言初期教育打下坚实的基础，自己加多少班，奉献多少休闲时光都是值得的、快乐的。

对明薇来说，加班已变成一种爱好和享受，每一天的工作都是为了完善自己的团队，为了所有小朋友的明天。如此看来，我们对加班的态度是非常重要的，如果在抱怨自己吃亏中荒废一个又一个加班时光，那么自己的心理年龄肯定也会老不少，说不定会变得越来越悲观；但如果把加班当成一种福气、一种享受，那么自己就会变得快乐起来，工作效率自然会提高不少。

晴馨是一名收银员。平时，她和其他同事一样轮休假期。但每逢长假，都是她最忙碌的时候，天天都要加班。但晴馨说：“加班虽然很辛苦，可工资能多好多呢！再说，节后可以得到几天的补休假期，所以比较开心，我还挺喜欢加班的。”

说到自己的加班情结，晴馨还说道，不加班的时候我早上老爱睡懒觉，不吃早饭，这对身体是很不好的。白天不加班，肯定要么在家里宅着，要么出去逛街消费，在家里待着，还得浪费家里的水、电，如果出去消费，那就少则几十多则几百了。如果加班了，也没时间出去了，这消费的钱就省下了不少。再说，上班时间要穿工作服，从另一个方面来说，自己每年也能少买几件衣服了，因为出去的机会少，需要的便装也就少了。

但这些并不是让晴馨真正喜欢上加班的原因，晴馨说，真正的理由是，加班的时候，自己能学到不少业务知识，对于自己以后的职业生涯的成长都是非常有利的。

如果把加班当作兴趣，当作享受，那么生活的每一刻都是灿烂的，相信在晴馨眼里，她的生活一定精彩非常，因为她认真负责地对待加班，并从中感受着自己的点滴变化。

既然加班对我们来说无可避免，那就享受它吧。打开终日紧闭的窗户，让习习的凉风，轻抚自己烦躁的心绪，再次整理未完成的工作；煮上一壶喷香的咖啡，拧开桌前柔和的台灯，从从容容地在幽香环绕中开始工作……相信那时，你就能学会在加班的夹缝中感受快乐、充实和满足，并为自己的存在价值而骄傲！

多一些勤劳，多一些回报

勤劳地开展事业，我们就会在路途中坚定自己的理想与信念，就会拥有不断前进的动力，就会收获繁花似锦的回报。

俗话说：“一勤天下无难事。”不怕吃亏、多做一点、勤劳一些是我们成功的秘诀，也是我们成功的铺路石，勤劳的人总是不吃亏的。

没有耕耘，没有勤劳，没有辛苦，就没有收获，没有知识，没有成功。实践证明，一个人成功的关键，在于其勤劳的程度如何。懒惰者，永远不会在事业上有所建树，永远不会使自己聪明。唯有勤劳者，才能在无限的事业海洋里猎取到真智实才，开拓自己的领域，使自己抵达理想的高地。

有耕耘就会有收获，只要我们渗透了勤劳的源泉，风雨过后就是春色满园，荆棘过后就是铺满鲜花的宽敞大道，艰苦的劳动后就是事业上的巨大成就。铭悦能有今天的成绩，能带给全家人幸福，便是命过对她的勤劳的回报。

铭悦说自己不是个天才，在学业上之所以还不错，是因为够用功、够刻苦。她也不是一个运气很好的人，之所以有现在良好的生活和工作环境，是因为自己任劳任怨，有毅力、够勤劳。

在奥委会实习结束后的欢送会上，上司对铭悦说：“铭悦，你是我见过的最认真、最勤劳的实习生。如果你想回来工作，我们的大门永远向你敞开。”是的，不是所有留学生都有机会在奥委会工作，很多人都说铭悦走运。这点铭悦也不否认，她想她是借了2008北京奥运的光。但重要的是铭悦的勤奋和努力打动了上司和同事，无论同事们让她做什么事情，铭悦都会毫不犹豫地答应，丝毫不怕吃亏，所以当铭悦实习结束时，很多同事都半开玩笑地和上司说：“你得让铭悦回来，否则我和你急。和她工作我们很开心。”这就是对铭悦工作的一种肯定和回报。

勤劳、能吃苦是铭悦最大的优点。读书的时候，她的学费是一年7000瑞郎，还不算生活费、保险等开销。虽然铭悦的家庭绝对可以支付她的任何费用，但铭悦没有接受，而是不辞辛苦地去打工。课余时间，铭悦几乎都用来打工：早晨7点半到晚上12点，有时甚至到凌晨一两点。每星期四和星期五全天上课，她早晨4点多钟起床，坐2个小时的火车去上课，在火车上看书，温习功课。放学后，又坐2个多小时的火车回到饭店工作，每天只能睡三四个小时的觉，而且和四五个人睡一个房间，为的就是省钱。

如今，铭悦工作了，自己的生活渐渐有了起色，她可以为爸爸买好几千块的眼镜；给妈妈买上千块钱的化妆品、医疗设备；给妹妹买她喜欢的小玩意儿。也许这对很多人来说算不了什么，但对铭悦来说，是大大的满足，因为她终于可以为自己的父母做些什么，可以感受到当他们收到自己送的礼物时的愉悦心情。这种小小的满足在以前是铭悦想都不敢想的，她觉得这就是回报，是自己勤劳这么多年拼搏的回报，虽然过程中有诸多艰辛，但铭悦认为值得。

对于铭悦来说，勤劳表面看起来是一种付出，因为要付出比别人更多的时间，因为要比别人付出更多的精力，因为要比别人付出更多的辛苦，还因为这种付出在很多时候并不是那么直接见效的，但走过了这条辛勤之路的铭悦由衷地感到自豪。的确，没有哪种回报比为自己骄傲更棒！

勤劳可以使人在坚持中进步，如同一叶扁舟，载着勤劳者到达成功的彼岸。也许这个过程是漫长的，一两年，甚至是一生，但只要坚持，终有一天能看到累累硕果。养鸡专业户刘明荔正是在不怕吃亏、勤劳了十年后，开创了今天的事业。

刘明荔生长在一个工人家庭里，从小就养成了吃苦耐劳、勤劳上进的性格。成家后，丈夫的工资不高，她在家种点菜，养几只鸡鸭，照顾老人孩子，生活也过得其乐融融，幸福美满。后来，丈夫下岗了，家里一下子失去了唯一的经济来源，让这一家人一筹莫展。刘明荔心里明白不能再这样等下去、靠下去，否则孩子将面临失学，生活也会陷入困境。为了寻找就业的门路，刘明荔和丈夫一边查找资料，一边找亲朋好友帮忙出主意选项目。

一天，刘明荔看到一家商店的门口停着一辆装货的大车，走近一看，有人正在一箱箱卸鸡蛋，养"蛋鸡"的想法便在她心中萌生。没多久，钱借到了，在朋友的帮助下，她从市农科院引进了第一批鸡雏。刚开始养鸡，什么都要从头学起。为了弥补知识的不足，刘明荔买了许多养鸡技术资料，边干边认真学习，很快她就掌握了鸡的一些常见病的防治、科学喂养的方法和管理技术。

从鸡雏购进的第一天起，刘明荔每天都起早贪黑，勤劳地在鸡舍里忙。晚间气温低，鸡舍的温度要求达到35~36℃，她小心翼翼地烧火升温，时时刻刻检查防挤压，不敢离开，晚间每隔2个小时到鸡舍检查一次温度，时刻观察每只鸡的生活习惯和成长变化情况，鸡雏从出壳到产蛋要打十几次疫苗，须多次往返于防疫站与鸡场之间，那份辛苦劳累使她感到照顾鸡雏比照顾婴儿都难。看到鸡雏一天天长大，心中的喜悦使她和丈夫忘记了疲劳，一个月，两个月……鸡雏的成活率达到90%以上。

当刘明荔看到鸡产下第一枚鸡蛋时，高兴得都跳了起来，这不仅是一枚普通的蛋，也是她用无数的勤劳努力换来的回报，是他们全家人能过上小康生活的希望。鸡蛋一天比一天产得多，全家人的脸上整日都挂着喜悦的笑容。十年来，刘明荔的家庭养鸡场由小到大，已经发展到现在的上万只，固定资产几十万元，全家人过上了衣食无忧的生活。

刘明荔能在逆境中奋起，白手起家取得了今天的成就，全靠她十年如一日的不怕吃亏、勤劳付出。“一分耕耘，一分收获。”有了不怕吃亏的坚持，有了勤劳的付出，才会有丰硕的成果，不劳而获的美事从来就是不存在的。在我们走向成功的宝典里，不能缺少勤劳，也不能害怕吃亏，只有勤劳、不怕吃亏地付出，才能浇灌出成功的花朵，才能拥有意想不到的回报。

不怕吃亏地勤劳付出，是我们开启财富的密码，能翻译出最壮美的史诗；不怕吃亏地辛勤坚持，是实现理想的奠基石，能构筑通向成功彼岸的桥梁；不怕吃亏地勤于拼搏，是人生航道上的灯塔，能让我们离成功更进一步，渐渐超越自我，成为自己心中的明星！

舍得付出，才有好的结果

路漫漫其修远兮，人生之路，注定由不断的付出铺就而成。不怕吃亏，舍得付出，才能撑起成功的天空！

成功之路，注定痛苦与欢笑同在，付出与收获并存，吃亏与赢利共生。在荆棘遍野的征程中，看着条条荆棘，难免生怕吃亏，滋生退却之感。但当你付出努力，不怕吃亏，忍住被荆棘划过的剧痛艰难前行时，胜利女神就会向你露出灿烂的微笑，成功就在不远处等着你，而难以想象的收获也就在眼前。

然而，我们的付出常常与收获不相称，但是，倘若你害怕吃亏，不去付出，那么，就连得到收获的机会都没有，更谈不上赢利了。就是因为这一份难能可贵的收获，即使明知付出也不一定能获取，但哪怕只有一个机会，我们也要用不怕吃亏、舍得付出的心态去拼搏、去争取、去实现。甘肃省酒泉市肃州区步步高鞋城的创始人吴永生就是因为不怕吃亏、付出了比常人更多的努力，才在下岗后闯出了一片天。

吴永生在1992年被原酒泉啤酒厂招收为劳动合同工。在自己的岗位上，他努力学习，修理本领越来越扎实，成了厂里的技术骨干。然而，啤酒厂竟然陷入连年亏损的状态。1997年，他下岗了，离开了自己热爱的工作岗位。这时，他妻子已经下岗5年，夫妻双双下岗，让本已困难的家庭更是雪上加霜。

那时，为鼓励下岗再就业，党和政府出台了一系列优惠扶持政策。在家人和朋友的鼓励下，他鼓足勇气到温州等沿海地区进行考察。这一行，他不光学到了很多商品流通知识，更坚定了从事个体私营经济的信心。回到甘肃，他向亲戚朋友借款开办了正大皮鞋店，走上艰难的创业之路。

由于他们夫妻从未搞过个体经营，一开始吃了不少亏：货源不熟、行情不清、资金紧缺等。但他没有灰心，也不怕吃这些亏，他深信付出总有回报，吃亏总有福报。所以，无论什么样的亏他都不计较，什么样的困难他都坚持了下来。

随着吴永生懂得的越来越多，他的生意也渐渐好了起来。两年后，他开办了步步高鞋城。经过几年的摸爬滚打，鞋城在消费者中树立起良好的信誉，他做起皮鞋生意更是如鱼得水。

在非公有制经济发展环境越来越宽松的情况下，他在有关部门的协调下，投资150万元购买了步步高大厦的部分产权，完善了仓储、门店等商业设施，实现了资产重组和资本的有效配置。通过后来6年的发展，他的步步高鞋城在酒泉商界叫响了名气。

从尝试再就业到成功创业，其中吴永生吃了多少亏、付出了多少，需要多么大的毅力和努力作支撑，这恐怕是常人难以想象的。但正如吴永生坚信吃亏总有福报一样，他的生活也发生了翻天覆地的变化，精神层面得到了极大的满足，人生成就更是水涨船高。

在拼搏之路上，勇于付出，不怕吃苦，才能有所收获，哪怕收获的不是金钱，仅仅是种幸福的感觉，也弥足珍贵，令人难以忘怀。焦惠敏也曾是一名下岗女工，如今却在石家庄长安装饰材料市场经营着两家颇具规模的门面，而她的兴家之道就归于舍得付出、不怕吃亏。

1998 年，焦惠敏从石家庄市照明电器厂下岗了，在困惑和迷茫中，她经历了几次创业，但都失败了，甚至连家底都没有了。2004 年，焦惠敏来到长安区就业局参加了创业培训。在那里，她第一次懂得了什么是创业，怎样才能科学创业，这给了她强烈的信心，焦惠敏开始琢磨新的创业计划。

接着，焦惠敏在长安装饰材料市场租了摊位，经营卫生洁具和灯饰用品。由于资金不足，她只能坚持开小店赚小钱的思路，货是进一个卖一个。刚开始没人手，焦惠敏便自己骑着自行车去批发市场进货。随后，她申请了小额贷款，虽然只有 2 万元，却帮了她大忙。2 万元贷款到位后，就可以成批地进货，进货多，销售量也增加，小店生意也开始见起色。

由于焦惠敏只是个下岗女工，知识面、创业经验都很缺乏，刚开始创业时，她吃了不少亏，但她不怕吃亏，她舍得花比他人更多的时间来学习各种知识，而她的店面也随着她知识的积累越做越大。他们夫妇为了节省开支，只聘请了一个售货员，焦惠敏也不怕吃亏，每天在店里从早上一直站到晚上，亲自为顾客介绍产品。能有如今的成绩，焦惠敏已经很满足了，毕竟从当初下岗到现在生意有点起色，只有她自己知道这其间吃了多少亏，付出了多少辛苦。

上帝是公平的，付出得多，自然会有收获；不怕吃亏，自然会有福报。焦惠敏如今的生活全是她不怕吃亏、舍得付出自己的智慧和汗水换来的，点点滴滴都凝聚着她的心血。

人生成长之路上绽放着流光溢彩的鲜花，因为它们舍得付出自己优美的姿态，所以它们收获了阳光的洗礼，因为它们不怕吃亏，所以才换得了细雨的滋润；人生成长之路上矗立着笔直伟岸的树木，因为它们舍得付出自己的绿茵，所以才收获了雨水的浇灌，因为它们不怕吃亏，所以才聆听到了鸟儿的欢乐……

最终抵达成功彼岸的每个人，都吃了无数亏、付出了难以想象的艰辛，他们用毅力、用汗水、用坚持、用无私全心全意地为自己的未来付出着，因为他们相信，不怕吃亏、舍得付出才能看到花团锦簇的明天、辉煌灿烂的未来！

助人就是助己

“只要人人都献出一点爱，世界将变成美好的人间。”帮助别人，必能拓展自己的生存和发展空间，扩大自己的的人脉，最终收获令人惊喜的回馈。

正如“赠人玫瑰，手有余香”所言，生活就像一面镜子，你对它怎样，它也会回报你什么，助人就是助己。如果大家都不怕吃亏，有“我为人人，人人为我”的观念，那生活一定会非常幸福而美好。

其实，成功的可能性不在于你赢过了多少人，你比多少人强，而在于你关心过多少人，帮助过多少人。你帮过的人越多，服务的地方越广，你的人脉就越广，你成功的机会就越多，得到的回报就越多。像安妮，她怎么会想到，曾经赐予他人的一杯牛奶，竟然在后来挽救了自己的性命。

凯沃是个非常贫穷的小男孩，为了攒够学费，他正挨家挨户地推销商品，劳累了一整天的他此时感到十分饥饿，摸遍全身，却发现只有一角钱。怎么办呢？他决定向下一户人家讨口饭吃。但当他敲开下一扇门的时候，安妮出现在门口，看着漂亮的安妮，凯沃有点不知所措了，他没有要饭，只乞求要喝一口水。

安妮看到他一副饥饿的样子，就拿了一大杯牛奶给他。凯沃慢慢地喝完牛奶，问道：“我应该付多少钱？”安妮回答道，“一分钱不用付。妈妈教导我们，助人就是助己，不图回报”。凯沃说：“那么，就请接受我由衷的感谢吧！”说完，凯沃离开这户人家。此时，他感到自己浑身是劲儿，还看到上帝正朝他点头微笑，那种男子汉的豪气像山洪一样迸发出来。其实，凯沃本来是打算退学的，但现在他突然觉得生活充满了希望。

好几年的时间过去了，安妮得了一种罕见的怪病，当地的医生对此束手无策。最后，她被转到大城市医治，由专家会诊治疗。当年的凯沃如今已是大名鼎鼎的医生了，他也参与了医治方案的制定。当看到病历上所写的病人的来历时，一个奇怪的念头霎时闪过他的脑际。他马上起身直奔病房。来到病房，凯沃一眼就认出床上躺着的病人正是那位曾帮助过他的恩人安妮。他回到自己的办公室，决心一定要竭尽所能来治好恩人的病。从那天起，他就特别地关照这个病人。

经过艰辛的努力，手术成功了。凯沃要求把医药费通知单送到安妮那里，在通知单的旁边，他签了字。当医药费通知单送到安妮手中时，她不敢看，因为她确信，治病的费用将会花去她的全部积蓄。最后，她还是鼓起勇气，翻开了医药费通知单，旁边的那一行小字引起了她的注意，她不禁轻声读了出来：“医药费——满杯牛奶”。

的确，安妮的故事，充满了传奇色彩，但其中蕴含的深意是毋庸置疑的：不怕吃亏，用心帮助别人，才能得到别人的帮助。马克思曾说过，如果一个人只为自己活着，那么他的生命是黯淡的；人们只有为同时代人的完美、为他们的幸福而生活，才能使自己的生活具有意义。

不怕吃苦，乐于助人从来就是中华民族的传统美德和起码的道德要求。助人更是一种博爱，一种比血缘感情更深的情怀，世上每一个人都需要爱，需要温情，需要帮助。若我们都不怕吃亏，相互帮助，相信《圣经》中的天堂就会出现在我们眼前。

《圣经》里讲过这样一个家喻户晓的故事：从前有个人，他想知道天堂和地狱是怎样的，他去请教上帝，上帝知道他的来意后，想了想说，“好吧，我就带你去看看地狱吧。”说着就把这个人带到了一个房间里，这个房间很大，中间放着一张桌子，桌子中央放着一锅汤，桌子四周围着好多人，每个人的手里都拿着一个有长柄的勺子，他们都因为勺子柄太长而无法将汤送到自己的嘴里，所以大哭大闹，很痛苦。“看到了吧，这就是地狱！好吧，我们去看看天堂吧。”

接着上帝把他带到另一个房间，这个房间也很大，中间也放着一张桌子，四周也围着好多人，每个人手里也都拿着一个长柄的勺子，不同的是他们舀了汤后，不是送到自己的嘴里，而是送到对面人的嘴里，如此，大家都喝到了汤，彼此有说有笑，显得很快活。“看到了吧，这就是天堂！”

这个人明白了，原来天堂和地狱的差别就在于，地狱里的人只想到自己，不想到别人，他们过得很痛苦；而天堂里的人，想到别人，别人也想到你，所以过得很快活。

当我们付出自己的真心和爱去帮助他人的时候，也会得到真情的回馈，但在期待得到别人的帮助前，请先学会帮助别人。我们每个人都渴望实现自己的目标，但如果不善于借助他人的帮助开始起跳，生怕自己吃亏，生怕损害自己的利益，不善于帮助有需要的人，那就很难达成自己的初衷。

在现代社会，随着公共生活领域不断扩大，社会分工越来越细，人们之间的交流与合作日益频繁，助人就是助己也体现得更加明显：没有社会和他人的帮助，总害怕吃亏，想着自己，就会陷入孤立的困境；而要想得到社会和他人的帮助，首先我们要学会帮助别人。所以凡事不要怕吃亏、怕自己的利益受损、光想着自己，要学会多替别人着想，若是人人都能做到互相帮助，便能协同促进社会的发展与进步，将自己理想的生活蓝图变成现实！

第6章

吃亏是以退为进的退让，拓宽道路谋求大成

不怕吃亏是以退为进，是损小收大，是丢卒保帅。我们要想建功立业，必须懂得不怕吃亏、以退为进的道理。如空气越经压缩，越具爆破的威力；如战士作战，常常要迂回绕道，匍匐前进，才能胜利。我们在生活中，懂得使用不怕吃亏、以退为进的艺术，才能为人生带来意想不到的成功、超越想象的景致！

能进能退真豪杰

老子曰：水柔弱而胜万物。能进能退是强者的一种生存智慧。面对强大的压力，我们不要一味地强硬或退缩，而是要用智慧去进或退，在缝隙中寻找属于自己的人生，成为笑到最后的人！

我们在勾勒自己的人生蓝图时，总会幻想得非常美好，但当我们真正实践时，会遇到这样或那样的困难和挫折，而这时，胆怯、自卑、灰心丧气、意志动摇等消极情绪就会出现，混淆、阻碍我们的发展。心存的志向越高，往往所遇到的困难就越大。事实上，困难是一种前兆，也是一种考验，它会选择意志坚退者，而淘汰意志薄弱者。

所谓“猝然临之而不惊，无故加之而不怒”，拼搏路上的冷暖是变化无常的，当你在遇到困难走不通时，或许退一步、转变一下思路就会海阔天空；当你一帆风顺的时候，一定要有谦让、不怕吃亏的精神，主动把功劳让给别人一些，不要居功自傲，更不要得意忘形。像“越王勾践破吴归”，曾经那样的辛酸、苦痛，勾践都一一忍受，能进能退，这才是真豪杰的最佳写照。

春秋时，越王勾践夫妻曾被抓去做人质，给吴王夫差当奴役。勾践从一国之君沦为吴王仆役，是多么大的耻辱。但勾践忍了、退了。他这是屈服于现实，甘心为奴吗？当然不是，他是在为复国报仇作准备。

来到吴国后，他们住在山洞石屋里，夫差出去的时候，他就亲自为之牵马。有人骂他，也不还口，始终表现得很驯服。一次，吴王夫差病了，勾践在背地里让范蠡预测一下，知道这病没多久就可以痊愈了。于是勾践去探望夫差，并亲口尝了尝夫差的粪便，然后对夫差说："大王的病再过不久就能好了。"夫差就问他为什么。勾践就顺口说道："我曾跟人学过医道，只要尝一尝病人的粪便，就能知道病的轻重，刚才我尝大王的粪便味酸而稍有点苦，所以您的病再过不久就能好的，请大王放心！"

果然，没过几天夫差的病就好了，夫差认为勾践比自己的儿子还孝敬，很受感动，然后就把勾践放回越国了。

回国后的勾践，依然过着艰苦的生活。一是为了笼络大臣百姓，一是因为国力太弱，需要养精蓄锐，为报仇雪耻。他睡觉的时候连褥子都不铺，铺的是柴草，还在自己的房中吊了一个苦胆，每天尝一口，为的就是不能忘掉自己所受的一切痛苦。

这样就使得吴王夫差放松了对勾践的戒心，勾践正好有时间恢复国力、厉兵秣马。终于，可以一战了。两国在五湖决战，吴军惨败，勾践率军灭了吴国，夫差无奈自刎，两年后成为霸王。

"苦心人，天不负，卧薪尝胆，三千越甲可吞吴。"勾践所受之辱、所受之苦，可以说达到人能承受的极点了。但勾践熬了过来，不仅报仇雪恨，一雪前耻，还成了当时的霸王。试想，如果勾践没有在夫差面前的"退"，没有不怕吃亏、忍受了这么多难以想象的痛苦，如何能有后来成为霸王的"进"呢？所谓真豪杰当如是！

我们要在世上有所作为，"退"是少不了的，而这种"退"是为了我们把头抬得更高更有力，把才能发展得更广更卓越。人生如同一条大河，不可能一直向前、流向无边的海洋，其中必然要根据地势不同，蜿蜒而下，弯弯曲曲，顺势而行。人生亦如是，当我们处于逆境时，就应该委曲求全，收起锋芒，保存实力。这就是“退”，以退求进，来等待机会，再创新的事业、江山。

春秋战国时候，齐欲攻宋，燕王派张魁作为使臣率军队去助齐国，齐王却把燕王派来的张魁杀死了。燕王得知后非常懊恼，发誓要为张魁报仇，决心去攻打齐国。

这时，大臣凡繇谒见燕王，劝谏说：“我一向认为您是贤德之君，现在看来你并非我心目中所仰慕的人。我不愿再当你的臣子了。”燕昭王说：“是什么缘由让你说出这一番话？”凡繇回答道：“松下之乱，我们先君被俘，你对此深感羞愧，却去侍奉齐国，原因在于自己太薄弱了。而现今张魁被齐所杀，你却欲攻齐，这难道不是把张魁看得比先君还重要吗？”

燕王问道：“如此说来，兵不得出。张魁已死，我们应怎样办才好？”凡繇说：“烦请您穿上丧服住在郊外，派出使臣到齐，以客人身份去谢罪，对齐王说，‘大王您是贤德之君，这些都是我们的过错。若大王心胸宽广，一定不会杀死诸侯的使臣的。只有燕王之使被杀，此乃燕国择人之误，望能改换使臣以表谢罪。”

燕王于是忍气吞声地又向齐国派遣了一位使臣。齐王举行盛大宴会，恰逢此时，燕使到达齐国，使臣拜见燕王说：“我们君主非常恐惧，因此派我来向大王请罪。”齐王听后扬扬得意，让使臣当着众位随从官员又重复了一遍所说的话，以便炫耀他的威势。

齐王得意地派了位极低的使臣命燕王返还官室，以示宽恕。燕王就这样厚着脸皮，装疯卖傻般地住在郊外，为谋求日后复兴养精蓄锐。

燕王的种种言行就是能进能退、委曲求全的表现。真豪杰就是要不怕吃亏，能进能退。退，并不意味着卑微和失去人格，更不表明不顾原则和自尊，而是一种艺术的做人方法和勇敢者无畏的精神。

对我们来说，能进能退是最难能可贵的品质，“退”是一时的，是为了谋划更长久的事业和理想，实现自己的鸿鹄之志。不能退一时之退，就不能使壮志得以实现、使抱负得以施展。但“退”也有限度，若遇事优柔寡断，一味软弱，坐失良机，这样便很难成就大事，终究会是扶不起的阿斗。

做人不怕吃亏，能进能退，便如同给了生命一个弧度，这样我们便能在很多场合如鱼得水，收放自如，游刃有余，能恰到好处地为自己的人生提供一个可“退”可“进”的弧度，为自己的发展赢得更多可以超越的限度！

一退解百危

退不是失去，也不是懦弱，更不是吃亏，而是一种战胜自己和对手的法宝，是走向成功的必修课。

俗语有云：“退人之所不能退，才能为人所不能为。”退，素来被视为一种做人的分寸和谋略，只有退得一时苦，才能化解万重难。

诚如“天将降大任于斯人也，必先苦其心志，劳其筋骨，饿其体肤，空乏其身，行拂乱其所为”所言，尽管所有的变故给我们的心灵世界带来了冲击，摧残了我们的精神世界和感情生活，但成就大业的人因不怕吃亏而选择了退却，最终胜利了。这样的“退”其实是一种谋略、烟幕和掩饰，如诸葛亮能忍住仇恨，且是一退再退，对孟获七擒七纵，才最终制服了他，保住了国家的安宁与和平，彰显了一代伟人应有的风度和智慧。

三国时，蜀国南方少数民族有个首领叫孟获。“夷陵之战”后，刘备病逝，南中地区趁机反叛。为收复南境，稳固后方，诸葛亮亲自率兵来此平叛。当诸葛亮听说孟获不但作战勇敢，而且在南中各个地区的部族人民中很有威望时，立即想到：如果能把他争取过来，就会使蜀国有一个安定的大后方。于是，他下令要活捉孟获，不许伤害。

当蜀军和孟获的部队初次交战的时候，诸葛亮不怕吃亏，故意退败，引孟获追赶。孟获仗着自己人多，只顾着向前冲，结果中了蜀军的埋伏，大败，自己也做了俘虏。当蜀军押着五花大绑的孟获回营时，孟获心知这次必定死定了，便刁钻耍横，破口大骂。谁知一进蜀军大营，诸葛亮不但叫人给他松绑，还陪他参观蜀军营寨，好言劝他归降。

谁料孟获野性难驯，非但不服气，反称诸葛亮使诈。诸葛亮毫不气恼，就把他放了回去，二人约定再战。孟获回去以后，重整旗鼓，又一次气势汹汹地进攻蜀军，结果又被捉了回来。诸葛亮劝降不成，又一次把孟获送出大营。孟获还是那个犟脾气，回去又率人来攻，同时改变进攻策略，或坚守渡口，或退守山地，然而，不管他怎样，都摆脱不了诸葛亮的控制。他一次又一次遭擒，一次又一次被放。

到孟获第七次被擒，诸葛亮还要再放，孟获却不肯走了，他含着泪说："丞相对我孟获七擒七纵，可以说是仁至义尽，我打心眼里佩服，从今以后，我绝不再反叛。"孟获回去以后，把各个叛乱部落都说服，让他们投降，南中地区重新归属蜀汉控制。自此，蜀国的大后方变得稳定，南方各族人民也得以休养生息，安居乐业。

事不过三，是人尽皆知的一句俗语。退让一次两次也就罢了，而诸葛亮为了自己后方的稳定，却甘愿吃亏，耐着性子，对孟获捉了放、放了捉，一连放了七次，也就是说，一连退了七次。终于，诸葛亮以他高尚的德行感动了孟获，使他心悦诚服地归降，并下决心不再叛乱。

同样地，如若我们处于逆境，要想保全自己，更要不怕吃亏，"以退为进，以退为攻"。孙膑就是因此名扬天下的。

早在少年时，孙膑便下定决心学习兵法，准备做出一番大事业。成年后，他出外游学，到深山里拜精通兵法和纵横捭阖之术的隐士鬼谷子先生为师，勤奋地学习兵法阵式。鬼谷子把《孙子兵法》教给孙膑，不到三天孙膑便能背诵如流，并且根据自己的理解阐述了许多精辟独到的见解。鬼谷子为他奇异的军事才能而兴奋地说："这一下，大军事家孙武后继有人了！"

庞涓是孙膑的同学，对孙膑的才能十分忌妒，表面上却装作和孙膑很要好。两人相约，以后一旦得志，彼此互不相忘。后来，庞涓先行下山，在魏国做了将军。他派人邀孙膑下山共同辅佐魏王。孙膑到来之后，他先是虚情假意地热烈欢迎，而后委之以客卿的官职，孙膑自然对不忘昔日同窗之情的庞涓感激万分。

然而，半年之后，庞涓玩弄阴谋手段，捏造罪名，诬陷孙膑私通齐国，对他施以膑刑，脸上也刺上字，目的在于从精神上折磨孙膑。对庞涓所做的一切，孙膑起初毫不知情，后来当他知道使自己成为一个不能行走的废人的元凶就是庞涓时，下定决心要报仇雪恨。

为了摆脱庞涓手下的监视，他选择了暂时的吃亏、表面的退却，暗地里潜心研究兵书战策，准备有朝一日逃离虎口。为了蒙骗监视他的人，孙膑甚至甘愿吃亏、装疯卖傻，以粪便为食，与牲畜做伴。不久，齐国使者来到魏国，暗中探访孙膑，然后把他藏入车中带回齐国。

到齐国后，在一次王公贵族的赛马活动中，大将田忌将足智多谋的孙膑推荐给齐威王。在齐威王面前，孙膑畅谈兵法，尽叙平生所学，受到齐威王的赏识，被任命为齐国军师。从此，孙膑开始在战国风云齐聚的军事舞台上大显身手。

而后，魏国派庞涓率大军围攻赵国都城邯郸，企图一举消灭赵国。孙膑与田忌商量，提出“围魏救赵”的作战方针，不但解了邯郸危急，而且在次年的桂陵之战中以逸待劳，大破魏军。此战，魏军几乎全军覆灭，庞涓仅率少数兵士仓皇逃脱。桂陵之战后 13 年，魏王又派庞涓率兵攻韩。齐王答应救援，派田忌为大将，孙膑为军师，攻魏救韩。

孙膑冷静分析了敌我双方的具体情况，根据魏军悍勇轻敌和急于求成的心理，提出退兵减灶的作战方针，忍一忍魏军狂妄之气，诱敌深入。而后齐军故意做出怯战的样子，减少锅灶表示齐军已大多逃亡，以此来麻痹敌人。

魏军果然中计，穷追猛赶，齐军却一味退却，最后在山高路窄、树多林密的马陵道设下埋伏。同时，孙膑还命人把路旁一棵大树的树皮刮去并写上“庞涓死于此树之下”八个大字，并吩咐士兵说：“夜里发现红光，就一齐放箭！”天黑之后，庞涓率兵马不停蹄地追到马陵道。但见路上横七竖八地扔着许多木头，便命士兵下马下车，准备开路追击，却忽然看见路边的白色树干上隐隐约约有几个大字。

庞涓疑心特重，便命人点火观看，但没等看完就连叫不好。但为时已晚，齐军万箭齐发，魏军顿时大乱，四面被围，箭如雨下，既无法抵抗，又无路可逃。庞涓自己也身负重伤，眼见败局已定，绝无挽回的余地，只好垂头丧气地拔剑自刎，齐军大获全胜。这就是历史上著名的马陵之战，而孙膑也从此名扬天下。

面对如此坎坷的命运，面对曾经知己的陷害，孙膑不怕吃亏，选择了暂时的退却，忍受了常人无法想象的痛苦，只为等待出人头地、报仇雪恨的那一天。

退却，绝不是吃亏，更不意味着人格的渺小、自我的否定，而是巧妙、决绝地将自己的实力隐藏起来。退却，是一门人生必修的课，是勇敢者的学问，是做人、成事的关键所在。退却，是做人的一种境界、一种涵养、一种阅历，是拼搏前行的一种健康的心态。

无论遇到何事，无论面对何种险境、侮辱，只要我们心中拥有一个“退”字，便能不怕吃亏，厘清混沌、扫除惆怅，让所有思绪豁然开朗、所有问题迎刃而解，让清醒的自己驰骋在希望的田野上，最终什么亏也不会吃！

方圆有道，横冲直撞要不得

方圆有道是做人海纳百川的气度，是大智大慧的结晶。做人遵循方圆有道，不怕吃亏，必将功成名就，拥有海阔天空的未来！

方圆有道，是做人自我表现的一种艺术，也是做人的一种策略，更是做人的最难能可贵的品质。懂得方圆之道的人，宜方则方，宜圆则圆，必然有着“善退”的精神，有着“能让”的胸怀，有着“糊涂”的大智，有着“疯癫”的清醒……有时候，不怕吃亏，不刻意地追求，圆滑做人反而有所得；太固执、太横冲直撞、生怕吃亏，坚持己见反而只能徒增烦恼，要不得。所以，我们要懂得以退为进、有舍才有得的做人方式。

殊不知，常常是不怕吃亏、曲线的生存方式比直线的方式更有成效。做人要成功、要怡然自得，我们在面对压力、遇到障碍时，要善于吃点小亏，后退几步，以婉转的方式阐述自己的原则，做到“方外有圆，圆中有方”。一个定要坚守原则，却只会横冲直撞、不知灵活应对的人，难免会得罪人，终难成大事。拿破仑·希尔便是在一次教训中发现了这个做人的法则，改变了自己做人的方式。

一天，拿破仑·希尔和办公室大楼的管理员发生了一场误会。这场误会导致了他们之间彼此憎恨，甚至演变成激烈的敌对状态。这位管理员为了显示对拿破仑·希尔一个人在办公室工作的不满，就把大楼的电灯全部关掉，这种情形一连发生了几次。有一天，拿破仑·希尔到书房里准备一篇在第二天晚上发表的演讲稿，当他刚刚在书桌前坐好时，电灯熄灭了。

拿破仑·希尔立刻跳起来，奔向大楼地下室，他知道可以在哪儿找到这位管理员。当拿破仑·希尔到那儿时，发现管理员正忙着把煤炭一铲一铲地送进锅炉内，同时吹着口哨，仿佛什么事情都未发生。

恼羞成怒的拿破仑·希尔立刻横冲直撞地对他破口大骂。一连5分钟之久，他都以比管理员正在照顾的那个锅炉内的火更热辣辣的词句对他痛骂。最后，拿破仑·希尔实在想不出什么骂人的词句了，只好放慢了速度。这时候，管理员直起身体，转过头来，脸上露出开朗的微笑，并以一种充满镇静与自制的柔和声调说道：“你今天早上有点儿激动吧，不是吗？”

管理员的话就像一把锐利的短剑，一下子刺进拿破仑·希尔的身体。

想想看，拿破仑·希尔那时候会是什么感觉。站在拿破仑·希尔面前的是一位文盲，既不会写也不会读，但他在这场舌战中打败了拿破仑·希尔，更何况这场战斗的场地以及武器，都是拿破仑·希尔自己挑选的。

拿破仑·希尔的良心受到了谴责。他知道，他不仅被打败了，更糟糕的是，他是主动的，又是错误的一方，这一切只会更增加他的羞辱。拿破仑·希尔知道，自己必须向那个人道歉，内心才能平静。最后，他费了很久的时间才下定决心再次回到地下室，去忍受这个羞辱。

来到地下室后，拿破仑·希尔把那位管理员叫到门边。管理员以平静、温和的声调问道："你这一次想要干什么？"拿破仑·希尔告诉他；"我是回来为我的行为道歉的——如果你愿意接受。"管理员脸上又露出了微笑，他说："凭着上帝的爱心，你用不着向我道歉。除了这四堵墙壁以及你和我之外，并没有人听见你刚才所说的话。我不会把它说出去的，我知道你也不会说出去的，因此，我们不如就把此事忘了吧。"

这段话对拿破仑·希尔所造成的影响更甚于管理员第一次所说的话，因为他不仅表示愿意原谅拿破仑·希尔，更表示愿意协助拿破仑·希尔隐瞒此事，不使它宣扬出去，不对拿破仑·希尔造成伤害。拿破仑·希尔向他走过去，抓住他的手，使劲儿地握着。拿破仑·希尔不仅是用手和他握手，更是用心和他握手，在走回办公室的途中，拿破仑·希尔感到心情十分愉快，因为他终于鼓起勇气，化解了自己做错的事。此后，拿破仑·希尔下定决心，以后绝不再失去自制，横冲直撞地做事。因为一旦失去自制，另一个人——不管是一名目不识丁的管理员，还是有教养的绅士，都能轻易地将自己打败。

在下定这个决心之后，拿破仑·希尔的身上立刻发生了显著的变化，他的笔开始发挥出更大的力量，他所说的话更具分量。他结交了更多的朋友，敌人也相对减少了很多。

后来，拿破仑·希尔经常说，"这件事教育了我，一个人除非先控制了自己，不怕吃亏，否则他将无法控制别人。它也使我明白了这句话的真正意义：‘上帝要毁灭一个人，必先使他疯狂。’”的确，一个人要想成功，除了要具备刚强的性格外，还要不固执己见，遇事不横冲直撞，而是以柔克刚。

要想顺畅地在人生之路上行走，不怕吃亏、方圆有道是最好的做人方式，这不是压抑人的性格，反而是以聪明的中庸之术提升人格，是人生的大智慧、大境界。那些总觉得自己了不起、不肯吃亏的人，终究是成不了大事的。

清代的经学家、史学家、文学家毕秋帆是江苏镇江人，与司马光的《资治通鉴》相媲美的《续资治通鉴》就是他编纂的。

乾隆三十八年，毕秋帆任陕西巡抚。赴任的时候，经过一座古庙，毕秋帆进庙内休息。一个和尚坐在佛堂上念经，人报巡抚毕大人来了，这个和尚既不起身，也不开口，只顾念经。毕秋帆当时只有四十出头，英年得志，自己又中过状元，名满天下，见老和尚这样傲慢，心里很不高兴。老和尚念完一卷经之后，离座起身，合掌施礼，说道：“老衲适才佛事未毕，有疏接待，望大人恕罪。”

毕秋帆说：“佛家有三宝，老法师为三宝之一，何言疏慢？”随即，毕秋帆上坐，老和尚侧坐相陪。交谈中，毕秋帆问：“老法师诵的何经？”老和尚说：“《法华经》。”毕秋帆说：“老法师一心向佛，摒除俗务，诵经不辍，这部《法华经》想来应该烂熟如泥，不知其中有多少‘阿弥陀佛’？”老和尚听了，知道毕秋帆心中不满，有意出这道题难他，不慌不忙，从容地答道：“老衲资质鲁钝，随诵随忘。大人文曲星下凡，屡考屡中，一部《四书》想来也应该烂熟如泥，不知其中有多少‘子曰’？”毕秋帆听了不觉大笑，对老和尚的回答极为赞赏。

献茶之后，老和尚陪毕秋帆观赏菩萨殿宇，来到一尊欢喜佛的佛像前，毕秋帆指着欢喜佛的大肚子对老和尚说：“你知道他这个大肚子里装的是什么吗？”老和尚马上回答：“满腹经纶，人间乐事。”

毕秋帆不由连声称好，因而问他：“老法师如此捷才，取功名容易得很，为什么要抛却红尘，皈依三宝？”老和尚回答说：“富贵如过眼烟云，怎么比得上西方一片净土？”两人又一同来到罗汉殿，殿中18尊罗汉各种表情，各种姿态，栩栩如生。

毕秋帆指着一尊笑罗汉问老和尚：“他笑什么呢？”老和尚回答说：“他笑天下可笑之人。”毕秋帆一顿，又问：“天下哪些人可笑呢？”老和尚说：“恃才傲物的人，可笑；贪恋富贵的人，可笑；倚势凌人的人，可笑；钻营求宠的人，可笑；阿谀逢迎的人，可笑；不学无术的人，可笑；自作聪明的人，可笑……”

毕秋帆越听越不是滋味，连忙打断他的话，说道：“老法师妙语连珠，针砭俗子，下官领教了。”说完深深一揖，便带领仆从离寺而去。从此，毕秋帆再也不敢横冲直撞、小看别人了。

老和尚的一番话说得滴水不漏，方圆有道，以巧妙委婉的方式让毕秋帆认识到自己的不足，从而收敛了自己的性格。做人就应该用谦卑的心态来看待世间的一切，为人不怕吃亏，善始善终，有理有节，卑微时安贫乐道，豁达大度；显赫时持盈若亏，不横冲直撞。

常言道“三分知识，七分人情”，即一个人的成功，三分靠知识，七分靠做人的能力。而方圆有道就是做人的规矩、标尺，它要求着人应该怎样做，如何才能更规范、通融、宽容地对待他人，是调节关系的润滑剂。

生活中，懂得方圆有道对我们大有裨益，不仅能为我们化解横冲直撞所带来的不必要的烦恼，还能让我们不怕吃亏，甚至甘愿吃亏，以保持内心的愉悦和轻松，让自己在一片惬意中享受生活的每时每刻！

做人，尤其是做“好汉”，一定要能吃得了眼前亏，过于计较，得失心太重，反而会舍本逐末，损失更多。

“好汉不吃眼前亏”是人尽皆知的一句俗语。事实上，要想自己日子过得好，吃点眼前亏也未尝不可。人世间，大凡精彩人物的故事，都少不了吃亏这出戏码。吃得了亏才能扭亏为赢，用失去的一些东西，求得自我的宁静，换来浩然正气。

越能吃得眼前亏的人，越有可能得到真正的幸福。吃得眼前亏的“好汉”才能够理解“吃亏是福”的智慧，参透“吃亏有理”中的禅机。如东汉和帝刘肇的皇后邓绥，她就是能吃得了亏，能以退为进，因此为自己的人生创造出真正的转机，一步步叩开了幸福之门。

邓绥自幼性格温顺宽厚，甘愿自己吃亏以宽慰他人。她5岁的时候，祖母为她剪发，由于老眼昏花，不小心将邓绥的额头碰破，邓绥强忍着疼痛，一声不吭，直到祖母剪完。有人问她：“你这样做，难道不知道疼吗？”邓绥答：“我当然知道疼痛。祖母疼爱我，我若喊痛，定会伤她老人家的心，我吃点小亏不算什么。”

后来，邓绥被选入宫，成为和帝的贵人。第二年，另一个贵人阴氏因身为贵戚而被立为皇后。入宫后邓绥格处谦卑谨慎，一举一动皆遵法度；对待与自己同等身份的人，邓绥常常礼让，即便是宫人隶役，邓绥也不摆主子的架子。有一次，邓绥得了病。当时宫禁甚严，外人不可随便入宫，和帝特准邓绥的母亲兄弟进宫照顾，并且不作时间上的限制，邓绥知道后，便对和帝说：“宫廷禁地，对外人限制极严，让母亲久留宫内很不合适，大家会说陛下私爱臣妾而不顾宫禁，也会说臣妾受陛下恩宠而不知足，这对陛下和臣妾都不好，我真不希望您这样做。”

和帝听后非常感动，从此对邓绥更加宠爱了。邓绥得到和帝越来越多的宠爱，非但没有骄傲，反而更加谦卑。她知道皇后的脾气，也隐隐约约感到皇后对她的忌恨，所以对皇后更加礼让。每次皇帝举行宴会，其他嫔妃贵人都竞相打扮、花枝招展、服装艳丽，独有邓绥身穿素服，丝毫没有装饰。当她发现自己所穿的衣服颜色有时与皇后相同时，就立即更换。若与皇后同时觐见，从不敢正坐。和帝每次提问，邓绥总是让皇后先说，从不抢她的话头。

这种不怕吃亏、不图表现的举动，让邓绥进一步赢得了和帝的好感，也反衬出皇后阴氏的骄横。面对邓绥一天天得宠，而自己一天天失宠的境况，阴氏十分恼怒，试图用巫蛊之术置邓绥于死地，不料阴谋败露，阴氏被打入冷宫，后忧愤而死。

丧后的和帝想立邓绥为皇后，邓绥知道后，自称有病，深处宫中不露，以示辞让。这下反而坚定了和帝立邓绥为后的决心，他说："皇后之尊，与朕同体，上承宗庙，下为天下之母，只有邓贵人这样有德之人才可承当。"至此，邓绥被立为皇后。

不怕吃眼前亏，能以谦和的态度对待周遭一切的邓绥终于赢得了和帝的宠爱，当上了皇后，而害怕吃眼前亏的阴氏却因此丢失了后位，这一成一败之间，不难看出，有时候，"吃得眼前亏"不失为一种做人的智慧。在这方面，东汉时期的陈寔也是值得我们借鉴的"好汉"。

陈寔出身寒微，时任颍川郡西门亭长。同乡人钟皓，以行为端正着称，前后九次被三公府征召，辈分远在陈寔之上，却跟陈寔结为好友。钟皓原来担任郡功曹，后来被征召到司徒府任职，临行前向郡太守辞别时，太守问他："谁能接替你的职务？"

钟皓回答说："如果您一定想得到合适的人选，非西门亭长陈寔莫属。"陈寔听说后，说："钟君好像不会看人，不知道为什么偏偏推荐我。"但太守还是任命陈寔为郡功曹。

一次，中常侍侯览托郡太守高伦任用自己推荐的人为吏，高伦就任命这个人为文学掾。陈寔知道此人不能胜任，就去求见高伦，说："这个人原本不能任用，但是也不能违背侯常侍的托付。不如让我来签署这个任命，这样就不会玷污您的品德。"高伦答应了陈寔。大家知道了这个任命，都纷纷议论，责怪陈寔怎么会任用这样不称职的人，陈寔却吃下了这个亏，始终没有辩解。

而后，高伦被提升到朝廷担任尚书，士绅都来送行。高伦对他们说：“我以前任命侯常侍推荐的人为吏，陈寔却悄悄地把我签署的任命书送回来，改由他来签署。我听说大家议论这件事，因此轻视陈寔，但这都是因为我畏惧侯览的势力，他为我分担忧愁才这样做的。陈寔可以称得上是把善行归于别人、把过错留给自己，能够吃亏的君子啊！”但陈寔仍然坚持是自己的过失，人们知道了事情的原委之后都很感慨，天下人因此都佩服陈寔的品德。

在陈寔担任太丘县的长官时，他修饬德教，无为而治，百姓得以安居乐业，邻县的百姓前来归附，陈寔总是劝导他们，然后把他们遣送回去。一次，上级官员来视察，县吏害怕百姓上诉，就告诉陈寔，想让他加以制止，陈寔说：“上诉是为了求公道，如果加以制止，百姓还怎么申冤明理呢？不要约束百姓上诉。”前来视察的官员听说后，叹息说：“陈君能说出这样的话，难道会冤枉人吗？”而且确实也没有前来上诉的人。陈寔辞职还乡时，许多百姓主动前来十里相送。

陈寔以他的个人修养、不怕吃眼前亏赢得了民心，载入了史册。直到现在，当地的百姓仍然有纪念、缅怀陈寔的活动。其实，这世上，并非所有的便宜都值得庆幸，同样，也并非所有的“亏”都令人倒霉。一个不能吃眼前亏的人，往往会在斤斤计较中损失更多的资源。

所谓“塞翁失马，焉知非福”，吃不了眼前亏，就不能完美地领悟人生的得失；吃不了眼前亏，就不会见证日后事业的腾飞发展；吃不了眼前亏，就不能开启珍藏在心中的宝藏；吃不了眼前亏，就不能沉淀出成为“好汉”的豪情壮志！

忍让不一定就是吃亏

留得青山在，不怕没柴烧。适时忍让并不代表软弱，反而是我们走向成功的铺路石，能让我们取得更耀眼的成绩。

说到成功，勇往直前、积极进取一直是人们着力渲染、大力描绘的精神。殊不知，一味地硬碰硬并非最佳选择，以退为进也不失为人生的一种策略。一直以来，“宁为玉碎，不为瓦全”，不达目的誓不罢休的英雄人物是我们交口称赞的焦点，但是，万物是变化的，我们不能以同一种策略、同一种眼光去看待所有的局面，在某些时间，忍让并不一定就是软弱，也不一定是吃亏，而是一种积极的战略措施。

不怕吃亏，以忍让求前进，是我们处世的大智慧和最高哲理。如引擎利用后退的力量，反而引发更大的动能；如空气越经压缩，反而更具爆破的威力；如将军智慧作战，迂回绕道、转弯前进，反而取得胜利，大破敌军。我们要想成功，必须低头忍让，如刘邦正是再三“忍让”，才成就了千秋霸业。

刘邦，出身草莽，行为放荡不羁，整天不务正业游手好闲，父母对他失望至极。他让人看到的唯一优点就是为人处世，他所担任的泗水亭长不过是一个小县吏，但他能与沛县官场上有名的萧何、曹参成为莫逆之交，被称为“沛县三友”。更有周勃、王陵、樊哙、夏侯婴等，为他日后起兵反秦立下赫赫战功，这些人几乎全是汉朝的开朝元勋。

在所有的起义队伍中，以项梁项羽叔侄的起义队伍实力最为强大，刘邦次之。为了义军间的团结，刘邦主动向他们示好，与小自己二十几岁的项羽结为兄弟。这是刘邦对项羽的第一次忍让。

灭亡秦朝后，刘邦知道只有自己能与项羽争夺天下。按照楚怀王的约定，刘邦先入关灭了秦朝，应为关中王，但是，为了不引起项羽的猜忌，他不怕吃亏，主动让出关中，讨好项羽叔父项伯，并与之结为儿女亲家，在鸿门宴上主动向项羽称臣，再度对项羽忍让。他在项羽犒劳军士、准备攻打他的时候避免了这场灭顶之灾，因为此时他的汉军根本不是项羽楚军的对手。

项羽此时不过二十几岁，年少得志，既有妇人之仁又暴虐成性，生怕吃亏，不懂忍让，刚愎自用：不用谋士良言，嫉贤妒能：不赏有功之臣，为自己种下了祸根。而刘邦恰恰相反，自有一套笼络人心的本事。陈平、韩信、英布、吕马童等原先都是项羽的部下，后来转投刘邦，为刘邦打败项羽起到了关键的作用。刘邦对项羽的第三次忍让是在项羽称西楚霸王分封天下诸侯的时候。

项羽对实力强大的刘邦仍有戒心，所以把遥远的蜀地分给他，让他远离家乡，带着一直跟随他的人马前往偏僻的巴蜀。刘邦在反秦战争中立了大功，却得到这样的封赏。各路诸侯纷纷为刘邦不平，刘邦兵团的内部更是怨声载道、厉兵秣马，意欲攻楚。但是刘邦最后听从了萧何的建议，萧何说，那种不怕吃亏、能退于一人之下而进于万国之上的，正是汤王、武王这样的人。愿大王称王于关中，长养人民，招贤纳士，收用巴蜀地区的物力人力，还兵平定三秦，如此便可以图谋天下了。

刘邦再次体现了他的忍让精神，烧断栈道以示永不归还的决心。在他领兵进入关中的时候，各路诸侯中因仰慕他的容人之量而自愿跟随的竟有数万之重。忍让并不代表着软弱和苟且偷生，也并不一定是吃亏，刘邦看准时机，还定三秦，出兵与项羽争夺天下，开始了历时三年的楚汉之争。

项羽骁勇善战，彭城一役，刘邦的五十五万人马被项羽的三万轻骑打得只剩下五万，连自己的父亲和老婆都被项羽扣为人质，真是兵败如山倒。他也不得不忍让，复振兵与项羽在荥阳成皋对峙，结果再次败北。此时，刘邦不仅要对敌人忍让，有时还要对自己人让步。

在整体战局不利的情况下，刘邦的大将军韩信攻破齐国，而刘邦被楚军围困于荥阳，形势紧迫。韩信派使趁机要挟刘邦要他封自己为代理齐王，刘邦为笼络韩信，直接封他为齐王。面对部下的无理要求，不吃亏、不忍让的话，就有被敌军吞噬的危险。随着战局的好转，刘邦与项羽在阵前对峙。项羽将刘邦的父亲捆绑在砧板上，威胁刘邦，如果再不投降就烹死刘父。面对自己的亲生父亲被敌人如此对待，刘邦还是要忍让，他故作镇静：

我与你结为兄弟，我父即你父，如今你要烹死自己的父亲，就请也分为一杯羹吧！项羽又派出弓弩手，刘邦躲闪不及，被一箭射中胸口，鲜血直流。刘邦只有吃亏到底、忍让到底，不能在重兵面前表现出来。他强忍着疼痛高呼，你们的箭法太差啦，只射到我的脚趾头。

汉军顿时欢呼雀跃，楚军默然，忍让的威力堪比千军万马。想到自己的父亲妻子还在项羽手中，刘邦被迫向项羽退让，以鸿沟为界，以西归汉，以东归楚。已知天命的刘邦此时也是身心俱疲，准备返回栎阳，坐稳他的半壁江山。然而，张良和陈平劝止他：汉已得天下大半，四方诸侯，皆已归附。而项羽兵疲粮尽，众叛亲离，正是天意亡楚之时，任凭项羽东归岂不是养虎为患？此时对于项羽忍让再三的刘邦终于决定放手一搏，与项羽决一死战。

他立即命令齐王韩信、魏相国彭越、淮南王英布出兵，会击楚军。最终将项羽围在垓下，逼得他自刎乌江；而刘邦自己则成为汉朝开国之君。

刘邦何以笑到最后？因为他深谙“以退为进”之道，并深知忍让不一定就是吃亏，而是巧妙施行战略的一种手段。咄咄逼人的项羽，反而沦为悲剧的英雄。

忍让并不代表软弱，也不一定会吃亏，只要不是在弹尽粮绝、穷途末路时退让，我们就还有希望东山再起。若我们不怕吃亏、懂得变通、适时忍让，那么任何压力都能得到化解，任何烦恼都能得到消除，任何困难都能得到解决。要知道，忍让并不是吃亏，而是让我们把拳头收回来，积蓄充足力量，以待下一次的有力出击！

适当退后一步，才能抬高身价

适当退后一步、放低自己，并非自暴自弃或自卑，也不是吃亏，而是令自己保持海纳百川的心态，以看得更远，收获更多，身价更高。

与人相处，最是学问，稍有不慎，就会招致不少麻烦：小的会影响工作或生活；大的则影响职业生涯，甚至人生走向。因此，我们在与他人相处时，要不怕吃亏，适当退后一步，放低自己。这不仅是一种为人姿态和生活风度，更是一种处事需求和修养气度。

我们行走江湖，如栽种树木，只有根基牢固，才会有枝繁叶茂，才能硕果累累。适当退后一步，放低自己，不仅能保护自己，使自己不锋芒毕露，还能融入人群，与他人和谐相处；不仅能暗蓄力量，“有所为、有所不为”，还能免遭他人嫉妒和排挤，使自己在不显山不露水中成就一番事业，得到社会认可，如此处事，何亏之有呢？

小武，著名大学学成回国后，非但没有趾高气扬，反而不怕吃亏，主动放低自己、退后一步，从一些基本小事做起，渐渐地获得了老板的赏识，走出了自己的事业之路。

小武毕业于牛津大学，并取得了博士学位，还在研究所工作过一段时间。当他准备回国报效祖国之时，却因为学历太高而屡屡受挫，无奈之下，他决定吃点亏，收起所有的学历证明，退后一步去适应职位的要求。

随后，小武被一家电脑公司录用了，具体工作是程序输入员。这种工作对小武来说，实在是易如反掌。但是，他干得一丝不苟，让人挑不出一点毛病。老板是个精明人，很快发现他不仅工作做得好，还能发现一些常用程序的错误，而这一点，一般的程序输入员是很难发现的。老板觉得很奇怪，就问小武到底是什么学历。这时，小武才不失时机地拿出了自己的学士学位证书，老板于是给他换了一个与大学毕业生对口的工作。又过了不久，老板又发现问题了，因为小武不仅很好地完成了分内工作，还经常提出一些独到的、有见解的、对公司业务发展有突破的建议，而这些，一个普通的大学生是很难做到的。

在老板的询问下，小武又拿出了自己的硕士学位证书，老板马上又把他提升到相应的位置上。又工作了一段时间后，老板觉得还是有问题，因为小武的工作表现远远超出了公司的一般硕士生。在老板的再三追问下，小武终于拿出了自己的牛津大学博士学位证书。老板这才恍然大悟，毫不犹豫地提升小武为总经理特助，以期他能为企业做出更大的贡献，带来更多的利润。

有时，若我们生怕吃亏，直接将自己置于高处，那么他人便很难接受。这时，不妨不怕吃亏，像小武这样适当退后一步，放低自己，可能会有更广阔的发展天地。当然，适当退后一步，放低自己，其实是为了更好地抬高自己的身价，试想，若你的表现能超出他人期望、能引起他们重视，又怎么会不受到重用、向上攀升呢?

适当退后一步，放低自己，绝不是贬低自己，而是不怕吃亏、低调做人、潜心做事，如大海能退后一步，放低自己，才能容纳百川，成就自己的辽阔无边。禅道中有这样一个人尽皆知的故事为我们阐述了一切。

曾经，一个满怀失望的年轻人千里迢迢来到法门寺，对住持释圆说："我一心一意要学丹青，但至今没有找到一个令我心满意足的老师。"释圆法师笑笑说："老僧虽然不懂丹青，但也颇爱收集一些名家精品。既然施主的画技不比那些名家逊色，那就烦请施主为老僧留下一幅墨宝吧！"说着，便吩咐小和尚拿了笔墨砚和一沓宣纸。

在年轻人思考作何画时，释圆法师说："老僧最大的嗜好就是品茗饮茶，尤其喜那些造型流畅的古朴茶具。施主可否为我画一个茶杯和一个茶壶？"年轻听了，调了一砚浓墨，铺开宣纸，寥寥数笔，就画出了一个倾斜的壶和一个造型典雅的茶杯。那壶的壶嘴正缓缓吐出一股茶来，注入到那茶杯中去，年轻人问释圆法师："这幅画您满意吗？"释圆法师摇了摇头，微笑着说："你画得的确不错，只是把茶壶和茶杯的位置放错了。应该茶杯在上，茶壶在下呀。"

年轻人听了，笑道："哪有茶壶水往茶杯里注，茶杯却在茶壶之下的呢？”释圆法师听了，又微微一笑说：“原来你懂得这个道理啊！你想往自己的杯子里注入那些丹青高手的香茗，但你总把自己的杯子放得比那些茶壶还要高，香茗怎么能够注入你的杯子呢？适当吃点亏，退后一步，放低自己，才能吸纳其他智慧和经验，让自己爬得更高，名声更响啊！”年轻人听后，顿觉醍醐灌顶。

适当退后一步，放低自己说的正是这个理。茶杯只有低于茶壶，才能被注入香茗；我们只有适当放低自己，才能使才智增值，实现我们理想中的抱负。

我们所处的时代崇尚自信、张扬个性，人们总喜欢表现、喜欢夸张。殊不知，适当退后一步，放低自己，不怕吃亏，甘于“默默无闻、平凡无奇”亦是一种做人智慧和人生谋略，彰显了我们的自知之明和豁达大度，不仅可以使我们避免个别的中伤、嫉妒和猜忌，还能令我们获得别人的信任、最大的支持，为自己向更高目标迈进扫清障碍。如此，我们做起事来，自然游刃有余，自然收获更多，自然走得更远、飞得更高。

人生苦短，锋芒毕露则必败无疑，我们都应该适当退后一步，放低姿态，如“流水”一般，虽在低处流动，却流过千山万水，一路上冲刷着一切经过的东西，把它们都慢慢地融入自己的轨道，直奔大海。难道水就因此而平庸、就因此吃亏了吗？恰恰相反，“流水”那宽容的心胸，世间万物都无法与之比拟；流水覆盖一切，众生都能为它所有，这有何亏可言呢？

人亦要如此，要学会不怕吃亏，适当退后一步，放低自己，如此才能摆正自己的态度，让自己看到更多的风景，收获更多的感受，得到更高的身价！

第7章

吃亏是不去强争的气度，推功揽过尽显本色

不怕吃亏、推功揽过是一种凝聚人心的方法，一种勇于担当的精神，一种处事做人的境界，一种崇高忘我的修养，一种令人敬佩的思想，能产生维护团结、齐心协力的凝聚力。善于推功揽过、不怕吃亏的人，必不是心胸浅窄、锱铢必较之辈，而是厚德载物、雅量容人、能退能进、大智若愚之人。这样的人，有“推功揽过”的精神，敢于把责任揽到自己身上，而不是推出去，有着不怕吃亏的思想，首先做到“我为人人”“先天下之忧而忧，后天下之乐而乐”，无时无刻不展现着自己人性的光辉。

抹去前嫌，以德报怨

世上最高境界的一种宽容就是以德报怨，这也是一种能够感化他人的大爱、一种彰显无私心胸的法宝。以德报怨，敌人自然也与你拉近了距离，将成为助你成功的得力干将。

源远流长的历史中，冤冤相报和世代为仇的历史悲剧不断上演着：长达十年之久的古希腊与特洛伊之战，双方元气大伤，却只为一个女人；“二战”后，以色列与阿拉伯国家之间频繁爆发的流血事件，给当地居民和世界和平带来不可想象的后果……诸如此类的历史事件数不胜数，给人们造成了太多痛苦、太多遗恨、太多灾难、太多悲剧。

如若人们能不怕吃亏，抹去前嫌，以平和心态以德报怨，那么史书上定会呈现出不一样的描述和风景。受人之怨，能不怕吃亏，以德报怨，要用爱心去感化他，用胸怀去包容他，在他人危难之际，不是落井下石，而是雪中送炭，这样的人，值得我们钦佩与敬重。如武则天，虽其心术权谋、手段残忍令人发指，但她惜才、爱才，对于有能力辅佐她的人，她不怕吃亏，以德报怨，这便值得后人称道。

上官仪是唐初重臣，曾一度官至宰相，参与高宗的废后行动时被武则天发觉，上官仪与其子被斩，上官婉儿与母则贬为宫婢。在上官婉儿14岁时，太子李贤与大臣裴炎、骆宾王等策划倒武政变，婉儿为了报仇也积极参与。事情败露后，太子被废，裴炎被斩，骆宾王逃生，但上官婉儿则为武则天所赦。

原来，武则天无意中发现婉儿曾作了一首《彩书怨》的诗，当时，武则天不相信这么好的诗会出自一位女孩之手，便以室内剪彩花为题，让她即兴作出一首五律来，同时要用《彩书怨》同样的韵。婉儿略加凝思，就很快写出："密叶因裁吐，新花逐剪舒。攀条虽不谬，摘蕊讵知虚。春至由来发，秋还未肯疏。借问桃将李，相乱欲何如？"

武则天看后，连声夸她是一位才女。但对"借问桃将李，相乱欲何如"装作不解，问婉儿是什么意思。婉儿答道："是说假的花，是以假乱真。""你是不是在有意含沙射影？"婉儿十分镇静地回答："天后陛下，我听说诗是没有一定的解释的，要看解释的人的心境如何。如果陛下说我在含沙射影，奴婢也不敢狡辩。""答得好！"武则天非但没生气，反而微笑着说："我喜欢你这个倔强的性格。"接着她又问婉儿："我杀了你祖父，也杀了你父亲，你对我应有不共戴天之仇吧？"婉儿依旧平静地说："如果陛下以为是，奴婢也不敢说不是。"武则天又夸她答得好，还说想要的就是这个答案。

事后，武则天赞扬了她祖父上官仪的文才，指出了上官仪起草废后诏书的罪恶，期望婉儿能够理解她、效忠她。然而，婉儿不但没有效忠武则天，而且出于报仇的目的，又参与了政变。司法大臣提出按律"应处以绞刑"，不料武则天却决定对婉儿处以黥刑，并把婉儿留在自己身边，试图用自己的力量来感化她。此后，武则天一直对婉儿悉心指导，从多方面去感化她、培养她、重用她。

这一切确实把婉儿感化了，婉儿从武则天的言行举止中，了解了她的治国天才、博大胸怀和用人艺术，对她彻底消除了积怨和误解，并代之以敬佩、尊重和爱戴，且以其聪明才智替武则天分忧解难，成了她的得力助手。

该杀而不杀，反而留在自己身边，武则天的以德报怨真真切切地打动了上官婉儿，也换来了婉儿的信赖，促使她忠心耿耿地甘愿为武则天付出，成为武则天的心腹。

的确，不怕吃亏，用宽仁的心抹去曾经的伤害，用仁德的心来回报彼此间的怨恨，可以让我们的人生绽放出雨过天晴的光华，呈现一派化干戈为玉帛的平静安宁。楚庄王便是如此处世的。

战国时的楚庄王亲自统率大军出外讨伐，大获全胜归来。当班师回京城郢都之时，百姓为表示感谢，纷纷夹道欢迎，盛况非比寻常。为了庆祝赫赫战功，庄王在渐台宴请群臣，文武百官谈笑风生，无不喜形于色。

庄王举杯祝贺，并召集嫔妃和群臣同席畅饮。此时，渐台上钟鼓齐鸣，歌舞升平，人们猜拳行令，兴致极高，不知不觉中日落西山。可是庄王及群臣兴犹未尽，遂命点起蜡烛夜宴，又命宠妃许姬斟酒助兴。正酣畅时，忽然刮来一阵大风，蜡烛都被吹灭了。黑暗中，一个人趁着酒兴，竟然拉住了许姬的衣袖。许姬十分恼怒，又不便声张，挣扎之中衣袖被撕破。直到她机警地扯断了那人帽子上的缨带，那人才惊慌地溜掉。

后来，许姬走到庄王跟前，附耳禀报了实情，并请庄王严加查办那个色胆包天之人。庄王听罢，沉吟片刻，吩咐左右先不要点灯，然后命令众人解开缨带，摘下帽子，尽情畅饮。群臣闻言，纷纷解开缨带，摘下帽子，这时庄王才命人掌灯点烛。

一片烛光之下，只见群臣绝缨饮酒，已无法辨认谁的缨带被扯断了。庄王就像没有发生这件事一样，与众人痛饮至深夜方散。自此以后，庄王再也没有提起此事。多年后，楚军与晋军交战，楚军处劣势。

慌乱间，一位将士冲向敌阵，使战争转败为胜。而这位将士就是当年调戏庄王宠妃许姬的人。

楚庄王不怕吃亏，充满人情味地对待戏弄自己宠妃的将士，真是难得的大度。而他也因此得到了这位将士的尊重。这位将士以己之力助楚庄王扭转了战事的局面，改写了一段历史，留下了一段佳话。

世上最宽广的不是大海，而是人的胸怀，“抹去前嫌，以德报怨”更是其中的最高境界。只有不怕吃亏，宽恕敌人，把恶人心中的恶逐渐去掉，而让其心中的善越来越多，让恶人迷途知返，令邪恶心灵重归纯良，我们的内心才不会有恨，才会真正解脱，得到心灵的净化，享受到祥和的人生滋味！

推功揽过，成就更大事业

能走向成功，决非一人之力、一己之功所能为之，故功劳再大也不能无视他人，要善于推功；金无足赤，人无完人，做事难免有成有败，故面对错误、失败要勇于揽过、承担责任！

凡事能做到推功揽过、不怕吃亏，并非易事，也不是每个人都能达到的境界。试问，多少人能勇于通过后退一步或牺牲自己的个人利益来换取全局利益和他人的信赖呢？多少人能从大局出发，发生错误时不怕吃亏，主动承担责任，积极创造更大的回旋余地，为解决问题提供更多的机会，扭转被动局面呢？

深思之下，便不难发现，推功揽过实为一种凝聚人心的上佳手段，一种智力资源的有效管理，一种勇于担当的负责精神，一种为人处世的至善姿态。一个不怕吃亏、能推功揽过之人，必定给人胸襟磊落、敢于担当之感，也必定能让下属更拥戴、上司更赏识、朋友更信赖、家人更自律。司马师正是其中之一。

一次，魏国国君计划攻打吴国，他连续召开了三天会议，征求下属的意见，希望大家能献计献策。当问到尚书傅嘏时，他说：“将领们只顾贪图奖赏，争夺功劳，没有必胜的可能。人人只管先打仗，而不采取妥善、安全的防范策略，是危险的，万万不可取。”

不想，当时把持朝政的大将军司马师却反对这个建议，仍然下令兵分三路，大举进攻吴国，结果大败而归。败后，朝廷内议论纷纷，要求贬斥出征的将领，司马师却说：“诸将有什么罪过？是我当时没有听傅嘏的意见，才导致了这次失败。这是我个人的罪过失职。”结果他宽恕了所有将领，唯有自己及胞弟受到了处分。

还有一次，刺史陈泰上书朝廷，要求二州联合讨伐胡人，司马师听从了他的意见，可是，还没有准备好战事，二州民众由于遭到征役侵扰，一举暴乱造反。有人说要追究陈泰的责任，司马师却当众承任错误：“这是我的过失，陈泰没有责任。”众人听了以后，纷纷惭愧不已，大赞大将军司马师心胸宽厚。

所谓“金无足赤，人无完人”。一个人无论如何英明，也总有“难得糊涂”之时，而司马师就可贵在他犯错误后不怕吃亏，勇于承担过失。这便是司马师的一种做人的大智慧，亦是他收买下属人心的上上策。

不怕吃亏、推功揽过之人，做事热情而不做作，忠诚而不虚伪，心中有坚石般的意志，胸中有经世济邦之策。张汤便将此灌注于他的为官之道中。

最初张汤不过是长安吏，他能平步青云登上御史大夫的宝座，且深得汉武帝信任，就是因为每当有政事呈上、武帝不满提出指责时，张汤便立刻谢罪，并说：“圣上极对，我的一位部下也提出此意见，我却未采纳，一切都是我的错。”反之，若武帝夸奖他，他则大肆宣扬某位部下的方案出色，某位部下办事利落。如此一来，自然得到了属下的爱戴和武帝的赏识。

善于推功揽过，既是做人的一种修养，也是一种上乘的处世方法。这样的人，雅量容人，能退能进，著名球星齐达内和贝克汉姆正是以此经营自身职业生涯的。

在英法大战上，作为法国队反败为胜的头号功臣，也是英法大战的最佳球员，法国队中场核心、明星球员齐达内在赛后接受采访时却将功劳都归到了队友的头上。齐达内特别赞扬了门将巴特斯:“他真是了不起地神勇，如果他不扑出那粒点球，那么结局很可能会完全不同。”

的确，如果英格兰队抓住这粒点球的机会，则很可能彻底摧毁法国队员的信心。在危急关头，巴特斯判断准确，将贝克汉姆的点球拒之门外。“巴特斯的扑救让比分停留在了一球落后的局面，这使得我们扳平比分的信心没有受到进一步的打击。”齐达内说：“这是一次至关重要的扑救。”

在齐达内看来，越是紧张的比赛越能树立起全队必胜的信心。“说实话，这场比赛的确没有按照我们预想的轨迹发展，好在大家坚持到了最后一刻并将比分反超。”齐达内说，“这说明我们已经从韩日世界杯赛的阴影走了出来。我认为，通过这场比赛，全队所得到的锻炼远比3分要丰富。”

而作为同场比赛的败军之将，贝克汉姆则认为所属球队不应该输掉比赛。比赛结束后，贝克汉姆仰天长叹：“我不相信会是这样的一个结果。如果我罚入了那粒点球，那么我们肯定会赢得比赛。在这方面我要负全部责任。”

在输球问题上，贝克汉姆显得敢做敢当。不过，贝克汉姆认为自己点球罚得还算可以，但是曾同为曼联队友的巴特斯太了解自己了。“他扑对了方向。”贝克汉姆无奈地说道。尽管为没有罚进点球而自责，但是贝克汉姆也认为比赛最后的失利对英格兰队来说太残酷了：“我们不应该得到失利的结果。要知道，我们在前面的比赛中都表现得非常好。但这就是足球。我们只是在最后时刻失去了球权，就被对手抓到了机会。希望下次我不要再犯同样的错误了，重新把胜利夺回来。”

面对英法大战的不同结果，齐达内和贝克汉姆不怕吃亏、勇于推功揽过的处事方法正印证了《菜根谭》中的“完名美节，不宜独任，分些与人，可以远害全身；辱行污名，不宜全推，引些归己，可以韬光养德”。

是啊，面对成功的喜悦，我们不要抢着争功劳的大小，而应不怕吃亏，主动把功绩让给他人，扬人之长；面对失败的惨景，我们不要千方百计地推脱，而应不怕吃亏，主动承担责任，责己之咎。这不仅有利于与他人建立相互信赖、相互支持的和谐关系，还能在集体中树立起良好的形象和威信，更能促使自身在拼搏之路上真正放开手脚、发挥最大潜能，成就更大事业！

平和冷静，减少无益的争辩

保持平和的心境，不作无益的争辩不失为做人的一种良好修养、一种充满魅力的交际技巧，能制造出和谐的气氛，让自己活得更洒脱，让自己的公众形象更有人情味，进而更容易实现自己的想法。

大千世界，无奇不有，每个人都是独一无二的存在，思维观念自然是千差万别，而这种种的差别会外化成人与人之间的争执与论辩，大至思想观念，小至看法评论……争辩几乎无所不在。

当他人的意见、想法、言行与我们相左时，出于本能，我们大概会奋起辩驳，并希望大获全胜，于是，许多无益的争辩就这样发生了。殊不知，天底下只有一种方式能在争辩中获胜，那就是不怕吃亏，保持平静的心态，避免争论。

因为，即使你在争辩中占据上风，将他人的观点攻击得千疮百孔，你仍旧是输家——他人可能会怨恨你的胜利，而且，他人即使口服，心里也并不服。因此，我们要衡量一下，细思一番，看我们是愿意取得一种表面上的胜利呢，还是宁愿不怕吃亏，以换取他人对自己的好感？显然，李海的做法向我们说明了一切。

一次，威迪在百货公司里买了一套西服，但因为上衣褪色，他的衬衫领子全被染黑了。于是，威迪回到百货公司，找到卖给他西服的售货员，并说明了有关情况，要求退还。话还没有说完，他就被售货员打断了。

售货小姐漠不关心地说："这种衣服我们已经卖出了好几千套，这还是第一次有人来挑毛病。"最让威迪不能接受的是售货小姐说话的声调，她那漫不经心的语气好像在指责威迪是来找碴儿的。

忍耐不住的威迪便和她吵起来了，正激烈时，又一个售货小姐加入进来。"所有的黑色衣服起初都会褪颜色的，那是很自然的事。而且，就这种价格的衣服，褪色就更自然了，和我们有什么关系？"

话音刚落，威迪更生气了，这不是讽刺他买的是水货嘛！正当威迪要奋起争辩、维护自身权益时，售货部经理李海走了过来，他完全改变了威迪的态度。显然，李海深知其职务的重要性，也不怕吃亏，因为他希望每个到店里来消费的顾客都能满意而归。

李海让他们停止争吵，并冷静地听完了威迪的描述，当威迪说完的时候，那两个售货小姐还想申辩她们的意见，但是李海制止了她们。接着，他心平气和地指出威迪的领子显然是被西服弄脏的，并且坚持说不能让顾客满意的商品他们商店就不应该出售。最后，李海承认他不知道出现问题的原因，并坦率地对威迪说："您希望我如何处理这套衣服？只要您满意，我们就竭尽全力为您办到。"

本来，威迪还想着无论如何也要把这件可恶的衣服退给他们，但听到李海一番真诚的言语后，他说："我先听听你的意见吧，如果这种染色是暂时的，那我可以不要求换货；否则，请你帮我用其他方法解决问题。"

于是，李海建议威迪先试穿一个星期，再根据实际情况处理，并承诺，如果到那时威迪仍不满意，他一定会给威迪换一套全新的，并为自己店员的行为向威迪道歉。听完李海的道歉，威迪满意地走出了百货店。一星期后，这衣服再也没出什么问题，威迪便给李海写了封感谢信，表示对他的处理方式非常满意，并称以后会再次来购物。

由案例可以看出，李海不作无益的争辩反而为他赢得了客户的满意，获得了声誉，想必这也是李海能稳坐经理位置的秘诀之一吧。

事实上，争辩的目的是分清是非，寻求真理。所以，只要我们不怕吃亏，不作无益的争论，而是采取积极的态度，使用积极、文明、恰当的论辩语言与人探讨，就一定会取得意想不到的成效。梁风桦就用自己的经历揭示了这个道理。

上午上班时，李羽让周鸿准备上报给经理的材料，可到了下午，周鸿还没有准备好。李羽不禁十分恼火。直到下班时分，周鸿和梁风桦来到了李羽的办公室。“李科长，材料整好了。” 梁风桦说。

李羽忙拿起材料翻看了一下，发现其中有很多漏洞，顿时勃然大怒：“你看看你做的材料！做了这么久，质量还这么差，太不用心了！”本来周鸿就对李羽职位升得比他快而心怀成见，现在他更是无法服气，大声争辩道：“我说李处长，既然你那么牛，那你就自己写吧！”

一来二去，两人便大声吵起来，矛盾越来越大，站在旁边的梁风桦马上上前劝道：“你们都别上火。李羽，经理刚打电话叫你，你赶快去看看是什么事情要处理吧。”李羽走后，梁风桦先让周鸿消消气，然后对他说：“我知道你为了赶这个材料辛苦了，来，我再来看看。小周，你的字写得非常不错啊，有些观点也很鲜明呢！不过，你再看看这个地方，我理解起来有点歧义，你帮我解释一下吧。”

“是吗？我再核实一下。哎呀，真的是，梁主任，我没想周全，我再改改。”“小周啊，你比我当初强多了，不过做事还是要谦虚、谨慎一些，你要相信，你的能力领导是看得到的，再认真一点就更完美了。对了，你回头再把材料修改、完善一下，明天交给经理一份更出色的吧，这样对你也有好处啊，你说是不是？”“是，是，是，我一定尽力，还是梁主任想得周全。”

一番谈话过后，周鸿冷静多了，也顿时振作起来，向梁风桦保证按时按量完成工作，请梁风桦相信他。

俗语说：“口说一句好话，如口出莲花；口说一句坏话，如口吐毒蛇。”由梁风桦的处事方式可知，他平时教育下属时定是平和冷静的，不会在无益的争辩上浪费时间，损害自己的形象。想必，他也会因不怕吃亏、不与人争辩而不会吃亏，赢得他人敬重的！

我们在做人处事时，要不怕吃亏，充分利用人性的“好胜心”“虚荣心”，减少无益的争辩，从肯定对方的观点出发，使其获得自尊感。如此，相信事情的处理过程会更自然顺畅，结果也往往会超出想象，说不定，不知不觉间便达到自己的目的，实现初衷了呢！

针锋相对不如以柔克刚

在面对困难、障碍、痛苦时，多一份忍耐，试着用“柔”的力量去化解一切，相信你会成为真正的胜利者！

一帆风顺的生活几乎是不可能存在的童话世界，每个人都难免遇到各种各样的问题、困惑、麻烦，但当你遇到障碍时，不要急于发怒、争执，而要学会冷静、不怕吃亏，收敛态度，用满腔的“柔”去处理一切问题，化解一切矛盾，消除一切障碍。

俗语说“四两拨千斤”，阐述的正是“柔”的力量，如一块巨石落在一堆棉花上，会被棉花轻柔地围住，被棉花所征服。所谓“牵牛要牵牛鼻子，打蛇要打七寸处”，指的正是要以己之长、克其之短。

对待刚烈之人、障碍之物，如果生怕吃亏，以硬碰硬，势必会使头脑发热，做事不计后果，反倒是过犹不及。倘若以“柔”去周旋，说不定就是另一派景象了。像春秋末期的郑国宰相子产正是用“柔”的力量处理国事，结果，他非但没有吃亏，反而取得奇效。

和春秋时期的霸主国家比起来，郑国是一个小国，国力甚弱，要想在大国林立的空间求得生存，增强国家的实力刻不容缓。为此，子产提倡振兴农业，兴修农事，同时征新税，以确保有足够的军费供应和给养。

新税征收伊始，民众怨声四起，沸沸扬扬，甚至有人扬言要杀死子产，朝中也有不少朝臣站出来表示反对。子产毫不理会，也不怕吃亏，甚至不作过多的解释，而是耐心等待事态的发展。子产说：“国家利益为重，必要时自然要牺牲个人利益，服从国家利益。我听说做事应当有始有终，不能虎头蛇尾。有善始而无善终，那样必然一事无成，所以，我必须将这件事做完。”

于是，新税照常征收，此外，他还采取了振兴农业的办法，农业很快得到发展，民众由怨到赞，官员们也纷纷表示服从。随后，子产在各地遍设乡校，因乡校言论自由，有些对政治不满的人往往把乡校作为论坛进行政治活动。

有人担心长期下去会影响统治，害子产吃亏，便建议取缔。子产却说：“这是没有必要的，我也不怕吃亏，百姓劳累一天，到乡校中发发牢骚，谈谈政治很正常。我们可以作为参照，择善而从，鉴证得失；若强行压制，岂不如以土塞川，暂时或许会堵住水流，但必将招来更猛的洪水激流，冲决堤坝。到那时，恐怕就无力回天了。若慢慢疏导，引水入渠，分流而治，岂不更好？”

众官听完后，皆表示认同，郑国在子产的领导下，国力也强盛了不少。

这就是子产以柔克刚的做事之道产生的力量。以刚克刚，容易造成两败俱伤；而以柔克刚，则会马到成功。

针锋相对不如以柔克刚。倘若他人用非常恶毒的方式、言语对待我们，我们不妨不怕吃亏，先冷静下来，思考一下这样的指责是否站得住脚，是否对自己有价值，如果答案是肯定的，那还要感谢一下他人的“无私帮助”呢！

如此，以宽容之心对待，以“柔”的力量处理，定会收到意想不到的效果。如宇珠正是这样，得到了他向往的工作。

转眼间，宇珠即将大学毕业，开始找工作了。一天，他在网上看到一家外企招聘文案人员，于是，他便按要求写了一封英文求职信，发给了该公司人事部。几天之后，宇珠终于收到了这家公司的回信：“你完全不了解我们公司，在这样的情况下你还乱投求职信，浪费我们的时间。在你的英语求职信中，有大量的句子不通，语法错误。我们是不会聘用你的，因为我们需要的是人才，而你不过是个蠢才，完全不能为我们所用！”

看完这封信，宇珠气得不行，立刻想写一封回信，用更恶毒的语言骂这个人，把自己吃的闷亏如数还回去。

但过了一会儿，宇珠冷静下来，他想：“就算信中所用的语言恶毒了点，但他说的也不是没有道理，作为一个没有任何社会经验的大学生，我对他们公司的确不够了解；作为一个中式英文的传人，用英文表达难免会生硬，出现错误，他的批评并没有错呀。我不仅不应该骂他，反而应该写封信感谢他才对，我身边的朋友怎么可能给我提出这么尖锐的问题呢？如果及时改正了，能成长不少呢！”

就这样，宇珠怀着感激之情写好了一封感谢信。他在信中这样写道：“非常感谢您的来信，您肯定花费了宝贵的时间给我回信，我实在是感激不尽。我就在对贵公司的业务不了解的情况下乱投求职信一事深表歉意。我的信上有很多语法错误，而我却不自知，在下实在是倍感惭愧。现在，我计划加倍努力地学英语，提高自己的英语水平，减少错误的出现。此外，会更加留意贵公司发展，以做到知己知彼。再次谢谢您，是您真挚的语言帮助了我成长，让我进一步认识了自己。”

谁料，不久，宇珠收到了那家公司的回信，信中表示愿意录用他，因为他们认为像宇珠这样不怕吃亏，心态平和、冷静，懂得以柔克刚的年轻人非常难得，值得他们信赖。

常言说：人活着要争这一口气。殊不知，真正有本事的人，是把这口气咽下去，把自己受的亏吃下去。想必，宇珠能吸引该公司的关注，也正是因为他不怕吃亏，反而能理智地用更“柔”的方法处理问题，是个可造之才。

“柔”是一种力量，是一种无坚不摧的刚强力量，就像柔弱水滴，能把坚硬的巨石穿破；涓涓细流、能将顽石的棱角磨去；滔滔大水，能改变一切的方位……“柔”如同一剂良药，可以化解人与人之间的矛盾；“柔”如同一剂润滑膏，可以让成功之路更顺畅；“柔”是一种智慧，可以让自己更勇敢、更有担当；“柔”是一种气度，可以让人不怕吃亏，在虚怀若谷间潇洒写下一段不凡传奇！

吃亏制怒，幸福长久

人际交往中，以怒对怒，以牙还牙，是下策；不怕吃亏，以德报怨，控制怒火，才是上策。

生活中总是充满了挫折、痛苦、损失和人际交往中不可预料的言行，也难免会遇到不顺心的事，生气亦属人之常情。但若不能控制自己的怒火，任其蔓延，便很难和人相处、沟通，甚至会影响自身未来的发展。因此，在你愤怒而想行动时，千万告诉自己，学会控制怒火，忍住冲动，不怕吃眼前亏才是好汉。

在与人交往的过程中，无论你怎样努力，总会有让你生气的事情发生。

既然你无法改变这一切，那你就只能改变自己的应对方式。要知道，人成熟的标志之一就是不怕吃亏，善于制怒，明智的人不会让自己不快乐，让自己处于难堪的处境中。吴运与禅师的对话就揭示了这个奥秘。

吴运的脾气非常暴躁，而且很怕吃亏，因此，经常与人发生争执，所以人际关系很不好，很多人都不喜欢他。

一天，吴运到寺庙游玩，刚好听到一位禅师正在说法，他听完后感到受益匪浅，于是他对禅师说："师父！我以后再也不跟人打架、发生口角了，免得人见人厌，就算是受人唾面，我也只会忍耐地拭去，默默地承受！"

不料，禅师却说："没这个必要，就让唾沫自干吧，不要去拂拭。""那怎么可能？这不是吃亏了吗？为什么要用这样的方式忍受？""这没有什么不能忍受的，你就把它当作蚊虫之类停在脸上，不值得与它打架或者骂它。虽受唾沫，但并不是什么侮辱，也没吃什么亏，微笑地接受吧！"禅师说。

吴运接着说："如果对方不是吐唾沫，而是用拳头打过来时，那怎么办？""一样呀！不要太在意，这只不过是一拳而已。"吴运听了，觉得禅师说得太没道理，终于忍耐不住，忽然举起拳头向禅师头上打去，并问："光头，现在怎么样？"禅师非但没有生气，反而关切地对吴运说："我的头硬得像石头，没什么感觉；倒是你的手，大概打痛了吧？"吴运哑然，无话可说。禅师也笑着说："你看，吃亏、制怒没什么坏处吧？反而会让他人感到惭愧。"

想必，像禅师这样心胸宽广、不怕吃亏的人是任何力量都不可战胜的。善于制怒，就是不用别人的错误来惩罚自己或他人。

同样，面对别人的指责和辱骂时，只要我们能够不怕吃亏、平静对待，不把它们放在心上，那么所有的无理责难就会烟消云散，所有的怒火也能平息。将相和这个家喻户晓的故事便是明证。

在与秦国的交锋中，蔺相如为保全赵国不受屈辱，两次立下大功，赵王十分信任他，并拜他为上卿，地位在大将军廉颇之上。

为此，廉颇很不服气，私下对门客说："我做赵国的大将，有攻城野战的大功劳，而蔺相如只不过凭着几句言辞立了些功劳，他的职位却在我之上。再说蔺相如本来是卑贱的人，我感到羞耻，不甘心位居他之下！"并扬言："我若碰见蔺相如，一定要侮辱他。"

听到这些话后，蔺相如不肯和他会面，每逢上朝时，常常托辞有病，不愿跟廉颇争位次的高下。过了些时候，蔺相如出门，远远看见廉颇，就掉转车子避开他。

这种情况下，门客一齐规劝他说："我们离开父母兄弟而来侍奉您，不过是因为仰慕您的高尚品德。现在您与廉颇职位相同，廉将军散布一些恶言恶语，您却怕他，躲着他，怕得太过分了。平庸的人对这种情况尚且感到羞耻，会生气，更何况是将相呢？我们实在没有才能，请允许我们告辞离开吧！"

坚决挽留他们的蔺相如说："你们看廉将军与秦王相比哪个厉害？"门客答道："廉将军不如秦王厉害。"蔺相如说："凭秦王那样的威风，我蔺相如敢在秦的朝廷上呵斥他，侮辱他的臣子们。相如虽然才能低下，难道偏偏害怕廉将军吗？但是我想到这样一个问题，强大的秦国之所以不敢轻易侵犯赵国，只因为有我们两个人存在啊！现在如果两虎相斗，势必不能都活下来。我之所以这样做，是以国家之急为先啊！再说我个人吃点亏算什么呢？我还要感谢他让我学会了控制怒气呢！"

廉颇辗转听到这些话后，感到十分惭愧，便光着上身，背着荆条，通过门客引导，来到蔺相如家门请罪，说："我这个粗陋卑贱的人，不知道将军宽容我到这样的地步啊！"两人终于和好，成了至交，也成为赵国的中流砥柱。

试想，若是蔺相如因廉颇说的那些侮辱性言语而大发脾气，与他互相指责、争斗，结果必然会招致朝廷动荡，给秦国以可乘之机。而蔺相如之所以成为千古名臣，不正是因为他能不怕吃亏，合理控制自己的情绪，制住怒火吗？

人，能吃亏制怒，不是一天两天就可以学到的，必须经过长期的修炼才能得来。要从点滴做起，逐渐学会“制怒”，千万不要轻易发火。须知，我们若是轻易地做了怒气的俘虏，生活就会因此而倾斜，甚至，可能做出令自己终生后悔的事，断送自己的幸福生活。

第 8 章

吃亏是看透人生的豁达，难得糊涂更益身心

难得糊涂、不怕吃亏是一种人生境界。郑板桥书写的“难得糊涂”，是他一生的体验和总结，也是我们修炼本性的格言。

不怕吃亏、难得糊涂，是我们经历沧桑世事之后的成熟和从容，是人生大彻大悟之后的写照。

不怕吃亏的关键在于心，在于糊涂、不计较小小得失。生活中，不怕吃亏的人才是真正的智者。人生在世，不可“聪明”太过，“糊涂”一点为好；对人则忍让一点为好，吃亏一点为好。“糊涂”一点、不怕吃亏，心情就安定了，心态也平静了，生活就踏实了。这一切的一切都是福气，而且是大福气，是无论什么高官厚禄、金钱财宝、名声都换不来的，是让人最为欣慰的幸福和满足。

善于“装傻”，巧渡危机

人生如一个五味瓶，而不怕吃亏、善于装傻就是其中的调料。只有学会装傻，我们才可以笑对所有的是非、危难，展开生活的新画卷！

山，从不向万物解释自己的高度，却从没影响它的耸立云端；海，从不向万物透露自己的深度，却从没影响它的海纳百川；地，从不向万物告知自己的厚度，却从没影响它的显著地位。

做人同样如是，不怕吃亏，不事事向人解释、争辩，学会装傻，是智者的选择，业已成为做人的最佳姿态，是做人的一种品格、风度、修养、谋略和胸襟。装傻做人，不怕吃亏，不仅可以让自己更好地融入群众，与他人和谐相处，更可以保护自己、暗蓄力量，在不显山不露水中达到自己的目的。孙膑正是用装傻充愣躲过了庞涓的猜忌，逃出了魏国，保住了自己的性命。

孙膑是我国古代著名的军事大师，他因遭到庞涓暗算而身陷绝境。然而孙膑不怕吃亏，也不向庞涓妥协。冥思苦想之下，他决定诈疯，以消除庞涓的警惕之心，然后再图逃脱之计。

有一天，庞涓派人送晚餐给孙膑吃，没想到，当孙膑正准备拿筷子时，忽然昏厥，一会儿又呕吐起来，接着发怒，张大眼睛乱叫不止。庞涓接到手下报告后，并不相信，因此他亲自前往孙膑住处查看，只见孙膑痰涎满面，伏在地上大笑不止。过了一会儿，又号啕大哭。

庞涓狡猾异常，为了考察孙膑疯病的真假，他命令左右将他拖到猪圈中，孙膑披发覆面，就势倒卧猪粪污水里。此后庞涓虽然半信半疑，但对孙膑的看管比以前大大地松懈了。孙膑也终日狂言诞语，一会儿哭一会儿笑，白天混迹于市井，晚上仍然回到猪圈之中。

过了好多天，庞涓终于相信孙膑真的疯了，对他的看管更加松懈，这才使孙膑从中寻找到漏洞，得以逃出魏国，再谋大计。

看孙膑的经历，就知道装傻是做人的一种境界。无论你是身处官场、商场还是战场，装傻都是一种进可攻、退可守，看似平淡、实则高深的处世谋略。御史袁凯也因装傻，挽救了自己的性命。

朱元璋为了保住江山，在明朝建立之初，对朝廷和地方官僚贪污舞弊、严重损害朝廷利益的行为，进行了无情的打击，甚至重刑惩治，其用刑的野蛮残酷程度超过了历史上任何一位帝王。

有的官僚不得已装疯卖傻，以逃避惩治，免遭杀戮。其中一位叫袁凯的御史惹怒了朱元璋，怕被杀头，便假装疯癫。朱元璋说疯了是不怕痛的，叫人拿木钻刺他的皮肤，袁凯咬牙不吭。回家后，自己用铁链子锁了脖子，蓬头垢面，满嘴疯话。朱元璋还是不相信，派人去探察。袁凯瞪着眼对来人唱“月儿高”的曲子，趴在篱笆边吃狗屎。朱元璋听了使者的回报，才不追究。

实际上，朱元璋还是上了当，原来，袁凯知道皇帝不相信自己疯了，会派人来侦查，便预先叫人用炒面拌糖稀，捏作狗屎状，散在篱笆下。当来人一到，他便大口大口地吃起来，这才救了自己一条老命。

袁凯用装傻躲过了一劫，可见装傻确实是根能挽救自身性命的救命稻草，是一种智慧和为人处世的黄金法则。

不怕吃亏，装傻做人，往往是赢得对手的资助、最后不断走向强盛的一条有用的妙计。苏联明将什捷缅科也是用这招通过了铁木辛哥元帅的考验，为自己的仕途发展铺平了道路。

在苏联的卫国战争初期，德军长驱直入。在生死存亡之际，曾在国内战争时期驰骋疆场的老将们，如铁木辛哥、伏罗希洛夫、布琼尼等，首先挑起前敌指挥的重担。但面对新的形势，他们渐感力不从心。

所谓时势造英雄，这时，一批青年军事家，如朱可夫、华西列夫斯基、什捷缅科等，相继脱颖而出。但对这股新势力，老将们思想上不是没有波动的。1964年2月，苏联元帅铁木辛哥受命去波罗的海，协调一、二方面军的行动，什捷缅科作为他的参谋长同行。什捷缅科早知道这位元帅对总参部的人持怀疑态度，思想上有个疙瘩，心想："命令终归是命令，只能服从了。"

等上了火车，吃晚饭时，一场不愉快的谈话开始了，铁木辛哥先发出一通连珠炮："为什么派你跟我一起去？是想来教育我们这些老头子，监督我们的吧？白费劲！你们还在桌子底下跑的时候，我们已经率领着成师的部队在打仗，为了给你们建立苏维埃政权而奋斗。你军事学院毕业了，自以为了不起了？革命开始的时候，你才几岁？"这通教训，已经近乎侮辱了。但什捷缅科老实地回答："那时候，刚满十岁。"接着又平静地表示对元帅非常尊重，准备向他学习。铁木辛哥最后说："算了，外交家，睡觉吧。时间会证明谁是什么样的人。"

"时间证明论"果然是对的，在他们共同工作了一个月后，在一次晚间喝茶的时候，铁木辛哥突然说："现在我明白了，你并不是我原来认为的那种人。我曾想，你是斯大林专门派来监督我的……"后来什捷缅科被召回时，心里很舍不得和铁木辛哥分离。又过了一个月，铁木辛哥亲自向大本营提出要求，调这个晚辈来共事。

什捷缅科在面对铁木辛哥元帅的蔑视之言时，能不怕吃亏，甘愿装傻，这既体现了他作为后生对前辈的尊重，又表现了自己的谦卑，是大智若愚的表现，而他自己也凭此过了铁元帅这一关，赢得了元帅的信任。

危难时装傻，并不是自己骗自己，也不是妥协、麻木，而是一种尊重自己、保护自己的表现。要知道，不怕吃亏、难得糊涂，是一件很惬意的事，也是一种很高的人生境界。善于“装傻”，就是为了给自己多找快乐，这样的人生才能过得有滋有味，才能巧妙地渡过危机，以寻求更好的机会，实现自己的生命价值。

用原谅浇灌人际之花

不怕吃亏未尝不是一种福气，用原谅浇灌人际之花也未尝不是做人的一种美德，就让我们为自己的生活多增添一些美好的记忆吧！

我们的一生，说长不长，说短不短，总会遇到一些不顺心的事、碰到不顺眼的人。若是我们不能学会原谅，处处生怕吃亏，就会背着很重的包袱，活得很痛苦。不怕吃亏、善于原谅是做人的一种风度、情怀和润滑剂，每当我们原谅一个人，便为自己的心灵种下了一朵爱的花朵，向自己的心灵投射了一道阳光！

对于我们每个人来说，人生最大的幸福就是不怕吃亏、能用原谅浇灌人际之花，当你学会这一切，能用宽仁之心体谅、容忍他人时，你会发现，原来忘记怨恨是一件快乐的事。人总不会莫明地去冒犯他人、得罪他人，其中总会有理由，我们何不站在他人的角度上思量一下呢?

或许，当你换个角度、改变一种思维方式去思考一些问题、一件事时，你会得到一个从来没有想到的答案，感受到一份别样的关爱。钰英正是用原谅之心感受到了众多的爱，享受到了春天的温暖。

一天，钰英和妈妈一起去餐馆吃饭，负责为她们上菜的那位女服务员在捧上蒸鱼时，盘子突然倾斜了，鱼汁泼洒在钰英妈妈放在椅子上的皮包上，钰英妈妈本能地跳了起来。这皮包，是她的心头至爱。可是，还没等她发作，钰英便以旋风般的速度站了起来，快步走到女服务员的身旁，露出了温柔的笑脸，拍了拍她的肩膀，说：“不碍事，没关系，你不要担心。”

女服务员如受惊的小兔，手足无措地看着钰英妈妈的皮包，怯怯地说：“我，我去拿布来抹……”万万想不到，钰英居然说道：“没事，回家洗洗就干净了。你去做工吧，真的，没关系的，不必放在心上，也不要影响了你的心情，一定要用好的心情服务后面的客人哦！”钰英的口气是那么柔和，倒好似做错事的人是她。女服务员绷得硬绑绑的脸，慢慢地放松了，并低下头，鞠了一躬，然后说了声“对不起”，便弯腰离去了。

待女服务员走后，钰英平静地看着妈妈，发现妈妈的眼里竟然涌起了一层眼泪。她们吃完饭，钰英才告诉妈妈为什么自己要这么做。原来，在钰英前往美国读书的三年中，为了锻炼钰英的独立性，父母都不让她回家，还让她自行策划背包旅行，也希望她在美国尝尝兼职打工的滋味儿。活泼外向的钰英，以前在家里什么家务都不会做，现在却要在人生地不熟的美国做兼职，当餐馆服务员。

谁想，在钰英当服务员的第一天，就闯了祸。钰英被分配到厨房去清洗酒杯，那些透明细致的高脚玻璃杯，做工非常精细，质地也很薄。钰英小心翼翼地好不容易把那一大堆酒杯洗干净了，正准备松一口气时，没有想到胳膊一抖，一个甩手，杯子应声倒地，连续不断的响声过后，酒杯全化成了地上闪闪烁烁的玻璃碎片，一片明晃晃的……

“你知道吗？妈妈，那一刻，我真有坠入地狱的感觉，我完全蒙了。”钰英的声音，还残存着些许惊慌，“可是，您知道上司的第一个反应是什么吗？她慌慌张张地走了过来，抱住了我，说：亲爱的，你没事吧？你有没有什么地方被划着呢？有碎片溅到身体里吗？接着，她又转过头去吩咐其他员工：赶快把碎片打扫干净吧！不要伤害到其他人。妈妈，上司对我连半句责备的话都没有，说的每句话都是关心我的身体，事后居然也没找我索赔，仿佛一切都没发生过！”

还有一次，钰英在倒酒时，不小心把葡萄酒汁倒在顾客浅色的连衣裙上，原以为这位顾客会大发雷霆，没想到她反而来安慰钰英，说："没关系，酒渍嘛，不难洗，不要因此影响你的心情哦，每天都要开开心心地工作哦！"说着，这位顾客站起来，轻轻拍拍钰英的肩膀，便优雅地走进了洗手间。钰英充满了感激地对妈妈说："妈妈，既然别人能原谅我的过失，您就把其他犯错的人当成是您的女儿吧，原谅她们吧！没有一个人会无缘无故地得罪和伤害你，原谅他人，我们自己的心情也会变得明媚。"

那时那刻，钰英妈妈的眼眶全湿了，她知道自己的女儿已经长大了、成熟了，而且拥有了一颗不怕吃亏的容人之心，这所有的一切都让她非常欣慰和感动！

是啊，像钰英一样用原谅浇灌人际之花，不再封闭心灵，不仅能减轻别人的负担，也能愉悦自己的心情，并协助他们去学习原谅。

善于原谅他人就如同送花给他人，首先闻到花香的是我们自己，所以，不要记恨亲人和朋友，要以仁厚的态度、宽阔的胸怀去原谅、化解矛盾和冲突。如此不仅对别人有利，对自己也好，还能赢得他人的赞誉。

不怕吃亏、用原谅浇灌人际之花，放弃的是旧怨，得到的是新生。当他人得到你的原谅后，心就轻松了，而你也会随之快乐，因为你的心因此而风平浪静。如果我们每个人都能待人以仁慈，能用一颗宽容的心去原谅别人，那我们便能在愉悦、谦让、和睦的气氛中学习、工作、生活，感受到海阔天空、心旷神怡的自在！

糊涂自有糊涂福

做人，该聪明的时刻绝不能犯傻，该糊涂的时刻也要不怕吃亏、善于"糊涂"，有道是"聪明反被聪明误，糊涂自有糊涂福"！

细看郑板桥所写的“难得糊涂”的字幅，你就会发现他题的一行款跋：“聪明难，糊涂难，由聪明而转入糊涂更难。放一着，退一步，当下心安，非图后来福报也。”其实，这才是郑板桥对其处世哲学的一种深入解释。

人总爱把自己想得太聪明，但其实每个人都不笨，所以才有俗语“聪明反被聪明误”。糊涂是一种做人的理智。例如，一个人得了重病，如果他能糊涂一点，压力就会减轻很多，心情亦会随之舒畅，这对治疗而言，益处无穷；相反，如果他太“聪明”、了解太多、想得太多，就会造成心理负担，长此以往，思想包袱就会将自己压倒。雅婷和碧桑的不同遭遇正说明了这个道理。

雅婷和碧桑都不幸患上了癌症，其中，雅婷的耳朵非常灵敏，从医生的谈话中听到她们只能活三个月了。于是，她整天闷闷不乐、郁郁寡欢，结果还没到三个月就去世了。而碧桑因为耳朵有些背，时常听不清楚，别说偷听医生的谈话，就是有人直接跟她说话，她也不见得听得清。但令人惊讶的是，碧桑不但活过了三个月，如今已经几年过去了，碧桑还好好地活着，脸色红润，根本看不出得病的样子。

雅婷和碧桑的不同结局深刻地向我们揭示了糊涂是福这一真理。人生中，真的有很多事，不知道要比知道更好，不精明要比精明更好。彼德和保尔在生意场上的不同态势亦是不怕吃亏、“糊涂是福”的明证。

彼德和保尔在法国经营着规模相当的两家公司。其中，彼德是一个精于算计的人，凡事都生怕吃亏，也处处比别人看得长远。因为他早就通过各种蛛丝马迹预测到了2008年全世界会遭遇金融危机，于是他决定将公司解散，这样，还能给自己和员工们留一些生活费，不至于到时候吃亏，负债累累。在他看来，2008年，法国会有超过三分之一的企业倒闭，像他这样的小公司，肯定在倒闭行列，自身难保。

与彼德相反，保尔不但不是一个善于算计的人，还看上去甚至给人一种愚笨的感觉，让人觉得他不是做生意的材料。保尔常傻傻地认为，未来永远是无法预测的，而且什么事情都充满了变数。就算职员将世界上最完美的计划放在他的面前，保尔也不会相信，因为在他看来，未来还没有真正到来，任何事情都确定不了。

在保尔的意识里，只要自己的公司能够生存一天，他就一定要让它支撑下去，吃什么亏都不怕。结果，出人意料的是，保尔的公司竟然奇迹般地挺过席卷全球的金融危机，甚至越发展越壮大，吞并了好多小公司。

就这样，会算计的彼德反而解散了公司，让自己的事业付诸东流；而不会算计的保尔，却将公司办得比以前更出色。这也就是我们提及的“糊涂是福”。

或许，人生本来就是糊涂的，我们所有的幸福都悄然躲在糊涂中，一旦我们清醒了、精明了，什么事情都害怕吃亏，那幸福也就跟着烟消云散、了无印迹了。著名演员徐帆的幸福感也是来自她生活中的“糊涂”。

在电视剧《有泪尽情流》中饰演主角马小霜的徐帆常说自己是个糊涂生活、认真工作的人。“我在《有泪尽情流》里哭得不多，很多时候马小霜都给人傻愣愣的感觉——在家靠父母、结婚靠丈夫，丈夫去世了有的时候还要靠孩子。马小霜没有任何主见，丈夫说是她就是。已经很习惯这种生活的她，直到后来自己回味经历的种种之后才开始有感情的释放，懂得哭。”

谈起自己的角色，徐帆津津乐道，同时坦言现实生活中的自己一直都是后期的马小霜：“我从来都没有停止过做事，哪怕是对家庭和工作上的。虽然有的时候糊涂就是福，但我觉得这一定要根据每个人的情况而言。像我有时工作上糊涂带来的是问题，可是生活上糊涂、不怕吃亏却是一种幸福。”

徐帆说自己经常把糊涂挪到生活中，因为有的时候精明、算计会给人带来很多苦恼。工作中她却不允许自己有那么多的糊涂，因为糊涂无助于她的工作。“我的工作和生活永远都是适当地分开的，这样会让我觉得生活的时候很幸福，工作的时候很兴奋。”

女人在自己的一生中，总是或多或少地幻想过白马王子的出现，徐帆也是。说到这些，徐帆笑着说：“我的白马王子从来没有脸。其实不光是冯小刚，在冯小刚之前我也谈过恋爱，都是长得不怎么英俊。”徐帆从来都不是个找对象重外表的人，她更重视对方的行为。“我从小就喜欢成熟一些的男士，希望他能百分之百地重视我，希望找一个能帮我拿主意的男士。无论他有名与否，只要能在我拿不定主意的时候帮我拿主意，而且这种主意还不能伤害到别人。虽然说起来很容易，可是一旦做起来很难。冯小刚可能就是这样一个人吧。”

诚如徐帆所说，在生活中，“糊涂”的确很可贵，是难得的福气。在我们同亲人、朋友、同事相处的过程中，难免会产生小摩擦。但是，争吵、算计非但不能解决问题，反而会加剧矛盾。如果我们各自都糊涂一点、不怕吃亏，对于对方的缺点视而不见，一些难题便会迎刃而解，日子也会过得舒心很多。

做人糊涂一点，与别人的矛盾就少一点，幸福就多一点；做人糊涂一点，心灵就安静、平和一点，幸福就多一点；做人糊涂一点，清静的空间就多一片，愉快的氛围就多一分。当然，“糊涂”做人不是时时糊涂、事事糊涂，更不是一塌糊涂；而是在生活中、人际交往中不斤斤计较、不耍小聪明、不贪小便宜、不怕吃亏，能设身处地为对方着想，看透形势，认清自己，淡薄名利，于进退之间，展现自己的从容，这才是糊涂做人的要点，是最大的福气所在，是不怕吃亏的精华所在！

小事糊涂不妨事

“小事糊涂”是我们做人的一种态度和智慧，是乐观主义精神的最佳表现，能使人脱离苦海，远离疾病，拥有健康，尽情享受属于自己的快乐。

常言道：“大事清楚，小事糊涂。”也就是说，凡涉及原则性的问题，我们要清楚，应对要有原则；但面对生活中琐碎的小事时，就不必认真计较了，吃点亏亦无妨。“小事糊涂”的人，比起时时刻刻“精明”的人，心胸更开阔一些，身体也更健康一些。

日常工作和生活中，我们每天都要应对或大或小的事情、或多或少的人际关系，所以矛盾无处不在，无法避免。若我们遇事总是过分计较，一味地追究到底，硬要分清胜负，生怕吃一点亏，烦恼和忧愁便会随之而来。如果我们经常处于烦恼和忧愁的旋涡之中，频频激发人体的“应激反应”，这不仅会加速人的衰老，而且会引起身体的各种疾病。威廉这位美国的著名心理学家就曾作过类似的调查。

美国心理专家威廉，曾经是一个极能算计的人，生怕自己吃一点亏。他知道华盛顿哪家袜子店的袜子最便宜；哪家快餐店比其他店多给顾客一张餐巾纸；哪辆公共汽车车票最便宜；哪个时候去看电影票价最低。

殊不知，因为太会算计，威廉不但没有得到什么好处，反而落得一身疾病。30 岁之前，威廉经常跑医院，尽管他知道哪家医院的医生医术最高以及哪家医院的药费最便宜，但仍然病魔缠身，更谈不到健康和幸福了，当然，他的口袋里也没存到什么钱。

到 32 岁那年，威廉终于醒悟，并开始了关于“能算计者”的研究。他跟踪调查了数百人，以无可辩驳的事实得出惊人的结果：凡是太能算计的人，实际上都很不幸，甚至是多病和短命的；太能算计的人 90% 以上都患有心理疾病，这些人感到痛苦的时间和深度比不善于算计的人多许多倍；太会算计的人，心率都较快，睡眠不好，常常失眠，消化功能不良，免疫力下降，容易患病；太会算计的人常常把自己摆在世界的对立面，树敌过多，他们非常贪婪，过高过多的欲望沉重地压在心头，因而没有一点快乐。

威廉的这一研究成果，得到了全世界同仁的一致赞同和肯定。威廉也是自己研究成果的实践者和见证者，如今他的病全好了，生活充满幸福和快乐。他自己都经常感叹，还是小事糊涂点好、吃点亏好，这样生活就不用这么操心了，心态和健康也都改善了很多。

像威廉的研究所说，在生活中，“大事明白，小事糊涂”，能让我们经常保持坦然的心态，进而拥有愉快的心情，为“大脑”减少刺激，所谓“修成大愚方为智”当如是。乒乓球女王张怡宁也是这样一个“小事糊涂”的幸福女人。

在雅典奥运会上，张怡宁轻松地以四比零战胜朝鲜选手金香美，顺理成章地登上了奥运会女单“后座”，幸运地为中国摘取在夏季奥运会历史上的第一百枚金牌，可是赛后她并没有戴着这枚金牌走入新闻发布厅。

一位记者问道：“张怡宁，你的金牌呢？”“真的，在哪儿？”记者的提问也把张怡宁给搞蒙了。好在这不过是虚惊一场，张怡宁很快就在自己的裤兜里发现了这枚弥足珍贵的金牌。她很快地理了一下衣领，认真地把金牌重新戴上。

“小事糊涂”的张怡宁把全场记者逗笑了。虽然张怡宁在小事上“糊涂”，不过她在大事上绝不犯傻。在圆了自己的奥运冠军梦之后，张怡宁进一步认识到了自己的实力与水平。“领军人物就必须在各方面都严格要求自己，我已作好这方面的准备，力争当好领军人物。”张怡宁认真地说道。

自 5 岁起，张怡宁就开始学习乒乓球，悟性颇高的她年少有为，很快就成为中国乒坛一颗“新星”。1999 年，张怡宁首次在荷兰埃因霍温世锦赛上获得女单亚军，此后她在一系列重大的国际赛事中出人头地，取得了不少好成绩。可令人遗憾的是，张怡宁总是与大赛的冠军头衔无缘。“自九运会以来，我几乎总是以银牌而告终，有些遗憾。可是我非常热爱乒乓球事业，所以没有放弃，我坚信只要一直走下去，不怕吃亏，就一定会取得成果。”张怡宁感慨地说。

不过雅典可谓是她的福地，自从来到雅典后，张怡宁一路顺风，接连闯入女双、女单决赛。在与搭档王楠一同夺得奥运会女双冠军之后，张怡宁把目光投向了女单冠军。“要说此前我没有想过拿金牌，那是不现实的。但我没有过多地去考虑金牌，而是想如何去超越自己，反正比赛是不会吃亏的，没有拿到奖牌也能学到经验啊，值得的！”

这种清晰的认识帮了张怡宁一把，“想赢怕输是人之常情，无可厚非。我在比赛中，也有过想赢怕输的念头出现。我一再地告诉自己，不要考虑结果，放松，只要尽力就行了，再说吃‘亏’也不是这一两次了。”所以，张怡宁认为这次的比赛也并不是在与朝鲜选手金香美较量，而是在自己拼自己。终于，功夫不负有心人，张怡宁成功获得了金牌。

“四年后，奥运会在我的家乡北京举行，我一定要再夺金牌！”雅典夺冠后，张怡宁立即重新“归零”，期盼着四年后的再度辉煌！

张怡宁居然会忘记自己拼命获得的金牌，可见她在小事上有多“糊涂”，但对于自己的认识，她又那么清晰而明确，这样的人生定位便是张怡宁身为乒乓球领军人物的别样风采。

所谓“大智若愚”，换一个角度来说，也是对“小事糊涂，大事精明”的理解。小事糊涂，并非是指自我欺骗、自我麻醉，而是说小事须不怕吃亏、不去计较，不顾忌自己面子、学识、地位、权势地吃亏到底、糊涂到顶；而遇到大事，该聪明、清醒的时候，则一定要有原则，不能左右逢源，不为外事所扰，不为人事所牵。

我们蜿蜒的一生，如同一棵树，枝枝杈杈；我们曲折的一生，如同一条路，坑坑洼洼；我们绵长的一生，如同一根绳，总有解不开的疙疙瘩瘩……人生在世，“小事糊涂”才能“笑对人生”，拥有幸福、快乐、成功的生活！

揣着明白装糊涂

揣着明白装糊涂是一种聪明而高明的做人方式，是一种清醒而超越的认识，是人生的另一种境界，知晓这点，我们才能挺起脊梁，不怕吃亏，披荆斩棘，到达希望的彼岸。

生活中，揣着明白装糊涂至关重要，如果意见不一致，在争论一番后还是分不出胜负、谁都说服不了谁，你就不妨不怕吃亏，停止争论。既然没有涉及原则性的大是大非，何必非要争个清楚明白呢？不如揣着明白装糊涂，心胸开阔些，宽容大度些，不就大事化小，小事化了了吗？

不怕吃亏，揣着明白装糊涂是做人的一种达观、洒脱的态度，是我们走向成熟的标志之一，是拿捏人情的准则之一。懂得了这一点，我们才能更好地实现自己的初衷。如晚清第一重臣李鸿章大人，正是揣着明白装糊涂的做人高手。

1896 年 9 月 2 日，直隶总督兼北洋大臣李鸿章在访美期间接受《纽约时报》记者的采访，在回答关于是否赞成把欧美报纸介绍到大清国的提问时，李大人作了绝妙的陈辞：“清国办有报纸，但遗憾的是清国的编辑们不愿将真相告诉读者，他们不像你们的报纸讲真话，只讲真话。清国的编辑们在讲真话的时候十分吝啬，他们只讲部分的真实，而且他们也没有你们报纸这么大的发行量。由于不能诚实地说明真相，我们的报纸就失去了新闻本身的高贵价值，也就未能成为广泛传播文明的方式。”

花言巧语的李鸿章在陈辞里打了埋伏：把报纸不说真话的过错和责任加于编辑，似乎是编辑职业群体的素质问题，借以掩饰讲真话“十分吝啬”的真正原因，即专制制度的淫威与大清国政治文明的落后。他的回答，一方面奉承西方报纸和西方记者，另一方面转移视线，把问题的实质搪而塞之。

这种一石二鸟的手段，如不是李鸿章这等干练的外交官、当官成精的角色，还有谁能熟练使用呢？李鸿章揣着明白装糊涂，表现出十足的游刃有余。李鸿章将大清国报纸的怯于讲真话归罪于编辑们，实际上他心知肚明，大清国皇权至上，人们活得很没有尊严，因而报纸上只能大讲官话、套话、空话、不痛不痒的话。一旦讲真话、讲真相而开罪于官府、皇权，就会被查封，直至把新闻记者、编辑关进大牢里。李鸿章要是这样作答，把责任算在大清的专制上，他的那个红顶子怕是不保了。

李鸿章这样话不说透、心里明白也不都说出来，揣着明白装糊涂的做法，的确是职场老手所为。米路也是这样一位职场人际关系高手。

米路现在所在的公司，因公司主任职位空缺，所以办公室的同事们为人选的问题议论纷纷。米路自信是一位很不错的职员，平时工作积极，表现良好。而此时，他却像热锅上的蚂蚁一样，坐立不安，原因是他本人没有接到任何通知，也没接受任何正式的谈话。

这天，办公室主任问米路：“什么时候请客呀？小米，你就要荣升了。”“别拿我开心了，你给我发聘书呀？”办公室主任竟得意地说：“这次，你的聘书还真有可能是我给你发。”然后他将公司在人事改组上的讨论、老板的打算和前任对米路的推荐猛侃一番。过了几天，财务部主任又问米路：“听说，从下个月起，公司的奖金又要调整了？”这事米路没听说。

但俗话说无风不起浪，于是，米路没有说不知道，而是回答：“怎么，反应很大吗？还没有最后决定的事已经传得这样厉害。”

这时候，装糊涂其实就是装明白，像米路这样，面对事情揣着明白装糊涂，其实是办公室生存原则中的一种高明策略。

做人如果太精明了往往惹人厌，所以米路知道在职场中不怕吃亏、揣着明白装糊涂才是上策，而他也因此步步高升，不断实现自己的理想。

生活中，常常是那些看似“稀里糊涂”的人有很好的人缘，究其原因，是因为人们往往都对那些生怕吃亏、处事精明的人怀有戒心，渐渐就敬而远之了。因此，我们不妨在小事上肯吃点亏，装点傻，装点糊涂，这样做人才会比较受欢迎。

为人处世，还是揣着明白装糊涂好。其实人人都有做错事的可能，甚至好心也会办坏事，谁能确保自己永远都是正确的呢？所以，为人处世，很多时候不必太较真，不妨不怕吃亏，揣着明白装糊涂更好。

人生就是我们的一场大作业，谁也逃不掉，谁也抄不好，没有老师能给我们审阅，也没有人能给我们判断，我们只能自己作出选择，并肩负起应承担的责任。或许我们总想把这世界上的一切都看明白，分清黑白、是非。然而生活是多姿多彩、五彩缤纷的，它不像黑白照片那样单纯，总会出现很多说不清、道不明的事，这时，即使你心里明白，也要揣着明白装糊涂……

李白曾经写过一句耐人寻味的诗句，叫“大贤虎变愚不测，当年颇似寻常人”，完美地揭示了揣着明白装糊涂的处世法则。其意思是说，在一些特殊的场合中，人要有猛虎伏林、蛟龙潜潭那样的进退变化之胸怀，让人难以预测，而自己则可以在此期间从容行事。

诚然，要做到“明知故问”，绝非易事，如果没有较高的涵养，生怕吃亏、斤斤计较是断然不行的。但当我们的生活阅历不断加深时，当我们能从各个角度去细细品味生活中的细节时，便会发现生活中有太多的事需要我们不怕吃亏、揣着明白装糊涂。

事物本就是两面性的、矛盾的、相互转换的，孰对孰错，说不清道不明，能糊涂就“揣着明白装糊涂”吧，这样我们才能让自己平静下来。而只有当你平静下来时，你才能更加明白地看清事物，才能知道自己是应该“明白”地对待，还是不怕吃亏、揣着明白装糊涂，一笑置之……

第9章

吃亏是必要时的隐忍，懂得适时弯腰才能成就大事

人生之中，除了幸福如意之外，更多的时候是不如意。面对人生的种种不如意，或者是意外的灾难，我们与其硬碰硬，不如审时度势，多多隐忍。就像成熟的麦子总是低垂着头一样，当我们的人生之中有了更多的美好与快乐，我们也应该更加低调。有的时候遇到门槛，我们除了要低下头，还要学会弯腰，才能顺利迈过门槛，迎来人生更加广阔自由的天地。

保存实力，总能等到东山再起的那一天

常言道，宁为玉碎，不为瓦全。生活中，具有这种高风亮节的人不在少数，而且他们性格执拗，对于自己认准的道理，绝不愿意轻易屈从。殊不知，这样的玉碎当然让人感到钦佩，但是一旦玉碎，便再也没有东山再起的那一天，也就失去了所有的机会，失去了所有的可能性。既然如此，只要事情不牵涉绝不可让步的原则性问题，我们不如更好地面对人生和未来，选择暂时低头。所谓留得青山在，不怕没柴烧。我们唯有保存实力，才能最大限度发挥自己的光和热，创造属于自己的精彩人生。

人生虽然短暂，但是很多事情并非没有重头再来的机会。整个世界上的万事万物都在变化，我们必须审时度势，做到顺势而为，才能遵循大自然的规律，让生活变得简单幸福，效率倍增。尤其是现代社会，竞争非常激烈，生存越来越艰难。在激烈的竞争中，我们要想出人头地，显然并非易事。我们唯有更加积极主动地面对人生，带着“厚脸皮”从容游走人生，才能避免因为一时冲动就放弃人生，才能避免人生陷入绝望的境地。

大自然里的万事万物都遵循自身的规律发展着，一切都循环往复，不停地周期循环。人生也是如此。人们常说，三十年河东，三十年河西，说的就是这个道理。所以，一个人再怎么贫穷和艰难，也不会一生之中都寸

步难行，我们唯一需要做的就是继续坚持和努力，熬过人生中最难熬的阶段，从而让我们的人生更加坚强。任何时候，都不要轻视生命，更不要随随便便结束生命。我们唯有怀着积极的心态面对人生，才能最大限度圆满人生，让我们的未来变得更美好。记得曾经有记者采访一位百岁老人，问老人对于人生的感悟，老人只说了一个字——熬。没错，人生真的需要熬过去，才能柳暗花明又一村，人生也真的需要不停地熬着，绝不轻易放弃，才能走过艰难坎坷。一个“熬”字，生动形象地向我们揭示了人生的真谛，也告诉我们走过人生最应该铭记在心的原则。

明智的人为了活下去，不但可以暂时低头，还可以忍受一时的屈辱。如春秋末期越王勾践在被吴王夫差俘虏之后，成为吴国的阶下囚，被押到吴国生活。在吴国期间，虽然他一刻没有忘记国耻，但是他忍气吞声，对吴王夫差言听计从，卑躬屈膝。正因为如此，他才能得到机会回到越国，从而寻找机会一雪前耻。大将韩信年轻时也是个游手好闲的人，甚至连饭都吃不饱，必须依靠洗衣婆婆的接济才能勉强为生。但是在遭到他人挑衅时，他忍得胯下之辱，所以才有后来的成功人生。所以，朋友们，我们要想有所成就，既要有卧薪尝胆的勇气，也要有忍受胯下之辱的度量，这样我们的人生才会面临更多的机会，我们才能真正变得充实、坚强，勇敢地屹立于人世间。

战国时期，魏国的范睢才华横溢，却因为没有人推荐而始终默默无闻，只好寄居在中大夫须贾门下，作为须贾的食客。有一次，须贾在魏王的安排下出使齐国，还带着范睢等随从。不想，齐襄王很欣赏范睢，不但对范睢赞不绝口，还赏赐给范睢很多金银珠宝。范睢当然知道自己的身份地位，因而拒绝了齐襄王的好意。不想，须贾却因为受到齐襄王的冷遇，觉得在范睢面前很没有面子，不免迁怒于范睢。

回到魏国后，须贾在相国魏齐面前说了范睢很多坏话，并且诬陷范睢犯了叛国罪。魏齐愤怒不已，当即下令抓住范睢，并且对范睢严刑拷打，直到范雎奄奄一息。范雎是志向远大的人，当然不想就这样空有一身才华却被冤死。为此，他想方设法装死，骗过了前来查看的魏齐。魏齐以为范雎真的死了，就让奴仆用草席裹起他的尸体，将其扔到茅厕里，还让家里所有人去茅厕时都把屎尿弄到范雎身上。当天晚上，范雎看到魏齐只安排了一个奴仆看守他，因而再三恳求奴仆，让奴仆救他一命。就这样，范雎在奴仆的帮助下侥幸逃命，又让家里人给他发丧，这才瞒过魏齐，从此去了秦国。秦王非常赏识范雎的才华，拜范雎为相国。范雎在秦国一人之下、万人之上，决定复仇。他劝说亲王马上发兵攻打魏国，魏齐得到消息后惊恐不已，连夜逃往赵国，藏在平原君家中。秦王设计扣押平原君，从而得到了魏齐的人头，这下范雎可算是扬眉吐气、报仇雪恨了。

人们常说，君子报仇，十年不晚。在这个历史典故中，魏齐心狠手辣，哪怕确定范雎死了，也不愿意放过范雎。幸好范雎机灵，才侥幸保全性命。在秦国成为国相之后，他开始报仇雪恨，最终取得魏齐的人头。

假如范雎在被魏齐安排下人扔到茅厕之后，不能忍受屈辱，那么他必死无疑。正所谓，十年磨一剑，这句话就是告诉我们必须忍受屈服，才能为自己日后的成功奠定基础，才能为自己赢取更多的机会，博得成功。

做人要学会屈伸，从容忍耐

常言道，大丈夫能屈能伸。的确，这句话告诉我们，未必只有刚直不阿才是大丈夫。真正的大丈夫，既要有英雄气概，也要做到能屈能伸。所谓能屈，就是指当外部客观环境对我们不利的时候，我们能够静下心来耐心等待时机。所谓能伸，就是指当外部客观环境对我们有利的时候，我们要抓住时机马上振作起来，从而让自己扬眉吐气、获得成功。有的时候，机会转瞬即逝，所以我们更要有胆识、有魄力，抓住千载难逢的好机会，如此才能成就大事。

当然，人生随时处于变化之中。屈只是暂时的，暂时的屈是为了远大的人生和理想。假如我们因为不能忍受一时之气就爆发出毁灭性的力量，那么我们不但壮志难酬，也会导致无法实现自己的抱负。伸当然是每个人都渴望的状态，然而在生活中如何更好地伸，是需要智慧的。现代社会，生活节奏越来越快，工作压力越来越大，形形色色的竞争也日益激烈。在这种情况下，我们必须能屈能伸，伸屈有道。否则，该伸的时候不伸，该屈的时候又一味地出头，岂不是让我们的人生更加被动吗？聪明的朋友，面对残酷的生活，既不会一味地退缩，也不会一味地进步，而是倚靠自己的人生智慧不断争取属于自己的机会，从而开拓属于自己的人生。可以说，屈是一种极富柔韧性的力量。就像水，虽然是大自然中无形的物体，却无孔不入，因而也是最强韧的物质，蕴含着人们难以想象的力量。

很久以前，有个年轻人大学毕业后，去海上的油田钻井队工作。第一天开始工作，他就遭到领队的非难。原来，领队拿出一个精致的盒子交给他，让他在规定时间内把盒子送给在几十米高的钻井架上工作的技术主管。年轻人非常重视领队交给他的任务，因而拿着盒子大步流星走向钻井架。他片刻也不敢停歇地爬啊爬，直到累得膝盖酸软、浑身大汗，才爬到钻井架顶层，把盒子交给技术主管。没想到，技术主管在拿到盒子后，根本没有打开盒子，只是在盒子的盖子上签上自己的名字，就又把盒子交给年轻人，让年轻人把盒子送给平台上的领队。年轻人不遗余力地飞速下了高架井，片刻也不敢耽误地把盒子交给领队。不想，领队依然在盒子上签字之后，就又让年轻人拿着盒子送给高架井上的技术主管。年轻人心里感到愤怒，却勉强忍耐着，说服自己再次抱起盒子开始爬高架井。因为严重的体力消耗，他这次爬到高架井上时，浑身都被汗水湿透了，甚至连眼睛都被汗水腌渍得睁不开了。

他气喘吁吁地把盒子交给技术主管，技术主管笑着说："打开盒子吧。"

年轻人打开盒子，发现盒子里居然是一罐咖啡。他感到受到侮辱，因而怒气冲冲地质问主管：“你们到底什么意思？”主管没理会他，而是说：“冲一杯咖啡吧！”年轻人却怒不可遏地把盒子扔到地上，怒吼道：“老子不伺候你们了！”说完之后，年轻人觉得心里舒服多了，因为他发泄出了自己的怒气。不想，技术主管此时却非常严肃地对他说：“你并不适合这份工作，现在你可以走了。但是，我在你走之前必须告诉你，刚才之所以来回折腾你，是为了对你进行‘承受极限训练’。要知道，海上的情况瞬息万变，在海上工作必须有足够的承受能力面对各种各样危险的境地。遗憾的是，你虽然通过了之前的三次考验，最后一次却功亏一篑。原本，你此刻应该坐在这里喝咖啡的，但是现在你该走了。”

年轻人虽然通过了“承受极限训练”，却因为没有坚持到最后，所以前功尽弃。人在职场，每个人都迫不及待地想要获得成功，但是，我们要保持平静淡然，也要拥有足够的耐心，坚持付出。否则，徒有功利心的人，是不可能获得成功的。

任何人要想获得成就，就必须拥有顽强的意志，接受无尽的磨炼和忍耐。要知道，没有任何人的人生是一帆风顺的。不管什么时候，我们只有学会能屈能伸，才能适应各种复杂的情况，从而更加深刻地感受人生，并更加成功地把控人生。

低下头，才不会撞得头破血流

人生在世，我们不可能永远都海阔天空。有的时候，我们要经过的门或者窗户太低了，我们必须低下头，才能顺利通过，不会撞得头破血流。要知道，学会低头，对于每个人来说都很重要。尤其是在人生的困境之中，情况原本就很复杂和艰难，假如我们只顾着高昂着头，则必然会被困在艰难的处境里，根本不知道如何做才能以最小的伤害换取最大的成功。

毋庸置疑，人生是需要扬眉吐气的。但是，人生的情况也是复杂的。在海阔凭鱼跃、天高任鸟飞的日子里，我们当然可以一蹦三尺高，但是，在狭窄逼仄和局促的人生空间里，我们要想找到出路，就只能低下头，从而审时度势，顺应形势，作出明智的选择和举动。也许有些朋友会说低头是很让人难堪的，然而实际上，低头并不意味着认输，也不意味着放弃希望。所谓低头，实际上只是暂时地采取低姿态，从而为自己争取时间以转换思路：调整目标，令自己顺利走过人生的坎坷泥泞，走到人生的开阔地带。假如我们被困在低矮的山洞中，如果不低头，就永远也走不出山洞，更无法到达外面的世界。如果低下头，那么就可以走出山洞，走到阳光明媚、春光正好的大好时光里。那么，我们选择继续昂首挺胸，还是低头呢?明智的朋友们，当然会作出正确的选择。

一只蝴蝶不小心闯入窗户里，它被困在房间里，不停地飞舞着，却无论如何努力都无法飞出去。显而易见，它已经找不到来时的路了。它四处冲撞，不止一次地撞到墙壁上，仍没有成功逃脱房屋的禁锢。实际上，这只蝴蝶完全是当局者迷。它之所以迷路，就是因为它总是在房间上空盘旋，而不愿意飞得低一些。只要稍微低一些，它就能找到敞开的窗户。它几次三番在距离窗户上窗框只有几寸的地方飞来飞去，最终因为不愿意飞得更低一些，被困在屋子里筋疲力尽地死去了。

曾经的美国总统富兰克林，在年轻时应邀去长辈家里做客。来到长辈家低矮的茅草屋时，他依然昂首挺胸，刚刚进门，就被低矮的门框挡住了。他毫无思想准备，就这样重重地撞在门框上，额头当即撞得又红又肿，有了瘀血。长辈看到富兰克林尴尬的模样，不由得意味深长笑着说："你的头一定很疼吧？要知道，你来我家做客，我也没有其他的好招待你，这就当送给你的礼物吧！一个人要想在这个世界上生存，必须随时随地铭记一个道理，即该低头时一定要低头。"这次拜访之后，富兰克林牢牢记住了长辈的教诲。他在一生之中都遵循这个原则做人做事，最终获得了伟大的成功，在全世界青史留名。

不管是蝴蝶也好，还是曾经大名鼎鼎的美国总统也好，都要学会适当地低头，才能更好地生存和发展。很多经验丰富的农民，在看到成熟的稻地时，都知道，越是成熟的稻地，越是每穗稻子都低垂着头。相反，那些把头抬得高高的稻穗，全都是空的、瘪的，都不是成熟的。现实生活中，为人处世中，我们要学会低头。低头绝不是妄自菲薄，而是谦逊的姿态。

遗憾的是，现实生活中，有很多人尽管对待生活满腔热情，而且有着远大的理想和抱负，却不懂得低头。现实世界总是残酷的，也并不会如同我们所想的那样让我们顺心如意。面对生活的坎坷泥泞，我们唯有吸取经验和教训，不断提升自我，才能在暂时低头之后获得长久的抬头，在暂时退却之后获得更加长远的进步。唯有掌握这种在社会上生存的智慧，我们的人生才能更加坦然从容。

降低姿态，反而能够提升身价

现实生活中，很多人自视甚高，总觉得自己有独特杰出的才能，所以走起路来总是仰面朝天，生活中也从来不把任何人看在眼里。不得不说，现代社会崇尚个性，也主张释放个性、发展个性。这当然是对人性的尊重和解放，也是社会文明不断发展和进步的标志。然而更多的时候，我们应该适当收敛自己，适当降低自身的姿态，这样非但不会降低我们的身份与地位，反而能够更加提高我们的身价。否则，假如我们总是自以为是，认为自己不同于普通人，日久天长，我们当然会变得锋芒毕露，也会无形中得罪很多人。

现实社会中，我们如果想走出一条属于自己的路，就应该降低自己的姿态，千万不要因为自己有着高学历、良好的家庭背景、丰富的工作经验，就自以为是，在职场上自觉高人一等。要知道，长江后浪推前浪，很多时候，越是职场新人，就越有冲劲，反而更能够开创出属于自己的道路。而作为老人，如果我们总是倚老卖老，则一定会因为把自己捧得太高，导致摔得太重。因此，我们不如先放低自己，然后再把握机会充分表现自己，从点点滴滴的小事做起，积累自己的资本，从而让自己发挥实力，真正得到他人的认可和赏识。

张坤原本已在一家私人企业做到销售主管的职位了，薪水也很高，他想，就这么继续发展下去，早晚弄个副总当当。但是没想到，公司突然遭遇发展“瓶颈”，张坤和其他同事一样，一夜之间就成为失业人员。原本，张坤在找工作的时候自信满满，觉得凭着自己的资历和经验，怎么也能再当个主管。但是让他惊讶的是，他投了很多份简历都如同石沉大海，杳无音信。为此，他渐渐感到绝望，想要放弃，但是一想到家里需要经济支撑，自己也不可能只依靠媳妇微薄的薪水度日，他思来想去，决定隐瞒自己的工作经历，从最基本的工作做起。

得知一家规模比较大的公司正在招聘销售员，张坤也带着简历去应聘了。看到张坤的简单简历，再看看张坤的年纪，对方不由得多问了张坤几句。因为聊得好，张坤还是说出了自己的从业经历。对方的招聘人员看到张坤不由得心里打鼓，不知道张坤是否还能够踏踏实实从零做起。不想，张坤一口答应了他们提出的薪资要求，而且保证自己已经作好了从零开始的准备。对方抱着试试看的心理，给了张坤机会到公司上班。果然，张坤丝毫没有当主管的任何不良习惯，而是如同一个大学刚毕业的年轻人一样吃苦在前、享乐在后，不管有什么事情都冲锋陷阵。后来，张坤的业绩越来越好，老板当然也不会放着这样一个现成的人才不用，当即决定提升张坤为销售主管。

虽然张坤进入公司时的姿态很低，但是他马上就凭着自己吃苦耐劳的精神成功突破自我的局限，凭借自己的实力为自己代言，又博得了上司和领导的赏识，因而再次成为销售主管，升职加薪，好事连连。

生活中，很多人都不敢放低自己的姿态，究其原因，是因为他们害怕被他人瞧不起，所以迈不过去自己心里的那道坎。其实，只要我们摆正心态，端正态度，我们完全可以做自己该做的事情，而根本不用在乎别人对我们怎么想、怎么看。要知道，一个人只有准确定位自己，才能找到属于自己的人生之路，拥有与众不同的精彩人生。

妥协，是一种以退为进的好方法

在大自然中，各种事物和谐共生，彼此相容，从而达到大自然的整体和谐。在人类社会，要想创造和谐，也是如此。因而聪明的人虽然懂得要维护自己的合法权益，也知道不能时时处处软弱退让，却明白自己必须学会谦虚礼让，有的时候还要主动妥协，如此才能维持良好的人际关系，与他人友好相处。

现实生活中，世界是美好的。哪怕有邪恶的一面，也更多地展现出美好，让我们每个人都对世界满心留恋，满怀希望。也许有朋友会说，妥协是软弱的表现，殊不知，妥协并非软弱，而是以退为进的绝佳方式，往往能够帮助我们达到预期的目的。从心理学的角度而言，人是有互惠心理的。当我们对他人示好，他人得到我们的恩惠时，也必然会对我们示好，从而让我们成功做到以退为进，获得进步。当然，妥协也是有度的。妥协不应该过度，我们唯有恰到好处地妥协，才能避免软弱和怯懦，才能成就自己。

近来，小王正在四处奔波买婚房。他的婚期越来越近了，他很想赶快买一套房子，这样才能赶得及装修，给他心爱的女孩一个完美幸福的家。然而，小王虽然看中了几套房子，但是房主不是要涨价，就是改主意不卖了，弄得小王心力交瘁。他暗暗问自己：“难道我只想买一套属于自己的房子也不行吗？”

这个周末，小王又看上了一套房子。他准备周一下班之后，和房主见面谈谈价格，如果合适，就把合同签下来。这次，他想起之前和房主谈价格碰到的钉子，因而决定改变一种方式。很快，周一晚上到了，小王和房主坐在中介公司主持的谈判桌上，开始谈论关键问题。小王先发制人：“您好，张先生，我对您家的房子很满意。不过我是初次置业，是刚需，首付全是父母辛苦借来的，所以我首付很紧张。对于您的房子，我的心理预期是在 120 万（房主的报价说 128 万）。”房主听到小王说出的话，很为难地看着小王，当即斩钉截铁地说：“这个价格绝对不可能。要是我愿意这个价格卖掉，我的房子一个月前就成交好几遍了，根本等不到你来跟我砍价啊！”小王当然知道这个价格不可能，但是他还是装模作样和房主软磨硬泡了一会儿，之后他话锋一转：“这样吧，我也知道您很为难。我的确也是有苦衷，不然我就不在这里和您磨嘴皮子了。我把价格提高到 122 万，这真的是我的极限承受能力了。您就当是把房子托付给一个有缘人，随时欢迎您回家来做客。”听到小王的话，张房主有些不好意思，说：“小王啊，我知道初次置业困难，就像我当初买这套房子，也是很艰难的。这样吧，我也不坚持 128 万了，我给你让到 125 万。你要是觉得可以，咱们就签约。要是实在不行，我也真的没办法了，毕竟我也是换房，卖了这套房子，我也得借债买其他的房子。”小王心中不由得暗暗窃喜，因为他的心理价位就是 125 万。不过看到房主这么痛快给让到 125 万，他决定再努力一下，争取让房主把价格让到 124 万。最终，还是小王率先让步，让房主也让了一步，他们以 124 万的价格达成了交易。

在这次谈判的过程中，虽然小王看起来不停地妥协，但实际上他是以退为进，以他的妥协换取了房主的主动让步，从而使交易得以顺利达成。反之，假如小王总是就价格问题咄咄逼人，那么房主也必然寸步不让，这样他们的谈判就会进展困难，很难顺利签订合同。

常言道，退一步海阔天空。任何时候，我们都不要与他人针锋相对，否则必然导致他人对我们心怀不满，加倍警惕。我们唯有学会适度地妥协，以退为进，才能以柔软化解他人的强硬，以柔韧战胜他人的坚持。很多人之所以能够获得成功，就是因为他们深谙妥协的道理，也把妥协运用得炉火纯青。

第 10 章

肯吃亏是一种明智的取舍，拿得起也要放得下

人的一生，要面对诸多的选择，是坚持还是放弃，是选择还是逃避，是满足还是放纵……人生之道就在于懂得取舍，能进退自如，拿得起也要放得下。不让自己为情所困、为事所困，该争取时争取、该放下时放下。

勇敢选择，人生不留遗憾

人生在世，每个人都要面临很多选择，很多时候，难的不是绝处逢生，因为绝处逢生是只有一条路，必须往前走；人生难的是，当你有很多选择的时候，该如何取舍。

懂得取舍，才没有遗憾。如何取舍，才能让内心得到满足，才能最大程度感受到幸福？很多人，一生犹犹豫豫，把选择权交给父母、交给恋人，甚至交给宿命，于是迷迷糊糊走上一条他人指定的人生轨迹，直到失去改变生活的梦想和勇气，才恍然大悟，一切都已经来不及，剩下的只有遗憾。只有把取舍的权利留给自己，无论结果如何，让自己去思考、去抉择，才可以勇敢地去负责。

青春本就短暂，刹那芳华，取孰舍孰？如果不懂取舍，胡乱迈出一步，也许将来就会后悔。人一定要懂得取舍，让自己不留遗憾。

我们都知道“鱼和熊掌不可兼得”的道理，可是当事情发生时，又总是贪婪得欲求更多，这时我们往往忘记了“贪心不足蛇吞象”的典故。而真正聪明的人，淡泊以明志，宁静以致远，从来不贪心地企图占据全部的好事，在幸福满怀的时候，懂得舍弃一些给予他人，而用全部的精力去牢牢抓住对自己而言最重要的东西。这样的心你有没有？这样的沉静姿态你有没有？从现在开始，让我们学会做个聪明人，把握良好心态，在我们的温馨世界里，把爱分给大家，把美好撒播出去，也许，你给予他人的对你而言不重要的东西却是他人生命里的美丽水晶球。

提起潘石屹和他的现代城、长城脚下的公社，大概无人不知、无人不晓。但是，潘石屹的成功也不是从天上掉下来的。1981年，潘石屹从北京培黎学校毕业，并以第一名的优异成绩被石油学院录取。1984年，潘石屹毕业后被分派到河北廊坊石油部管道局经济改革研究室工作。在那里，聪明和对数字天生敏感的他博得了领导的赏识，并被确定为“第三梯队”。

有一次，办公室新分配来一名女大学生，她对分配给自己的桌椅十分挑剔。当潘石屹劝她凑合着用时，对方非常认真地说：“小潘，你知道吗，这套桌椅可能要陪我一辈子的。”就是这不经意的一句话深深地触动了潘石屹：难道我这一生将与这套桌椅共同度过？正在思变的时候，他遇到了远在刚刚开放的深圳创业的一位老师。他决定改变自己的命运。

1987年，潘石屹变卖了自己所有的家当，毅然辞职，揣着80元钱去广东打工，后来去了海南，与朋友开公司，自己做老板，开始了经商生涯，凭借着个人努力，潘石屹迅速完成了原始资本的积累。

1993年，潘石屹在北京注册了北京万通实业股份有限公司，任法人代表兼总经理，开始了在北京房地产界的创新与创业，最终成为北京地产业的一颗新星。

潘石屹就是典型的懂取舍之人，所以他成功了，走出了自己的人生，闯出了属于自己的一片天空。如果他当年没有舍弃稳定的“饭碗”，如今的他也许还在研究所里过着清贫朴素的日子，北京也会少了一座“现代城”。懂得取舍的人，往往是拥有强大内心的人，他们不依赖外界的力量，不受制于出身与宿命，他们勇敢地为自己作抉择，理智分析，果断地选择自己需要的人生。

也许你要说，你不是潘石屹，稳定的工作未必不比做生意好。诚然，潘石屹只是一个典型，他的成功说明的不是职业的高低贵贱，而是一种懂选择的智慧与魄力。聪明的人，要懂得沉静，沉静下来，叩问自己的内心：我到底需要的是什么样的生活，究竟什么是自己最大的追求，最不可缺失的梦想？想清楚了，就勇敢地去做，勇敢地去舍弃绊脚石，勇敢地去选择真正属于自己的未来与人生。调整自己的心态，摆正自己的位置，舍旁枝，取主干，只有这样，才不留遗憾。人生的道路不长不短，请牢记这一点，无论是感情还是事业，取舍都是必然，哪怕当下的诱惑多么难以舍弃，哪怕心里对那份感情有多么依恋，也必须用我们善良的心去宽恕他人，用聪颖的心告诫自己，用温柔的心来抚平心里的痛。时时提醒自己懂得取舍，才能拥有最坦然美满的幸福。

也许前路坎坷，也许你选择了之后，会有比原先艰难许多的波折，甚至让你后悔作了这个决定，甚至让你怀疑自己是不是选错了。这个时候，请相信自己，在你考虑清楚并痛下决定的那一刻，必然已经预料到了未来的艰险，并愿意为之付出、为之努力。

什么样的取舍决定什么样的生活。人生只有三天，昨天、今天、明天。今天的取舍决定明日的生活。

每个人的时间和精力都有限，必须作出一些取舍。在丰富多彩的社会上，只有懂得取舍，才能更好地拥有。人生无时无刻不面临着取舍，有时无关紧要，有时事关重大，有时面临生死。懂得取舍，是如此重要，取舍的正确与否有时关系到事业成败，家庭和谐，甚至个人的身心健康。

人要懂得取舍，因为人生随时会面临选择，大到求学、就业、谈婚论嫁，小到一日三餐。常听到有人说："哎呀，我们老得太快，如果当初有现在的觉悟和聪慧该多好。"人生既漫长又短暂，能够决定一生命运的，只在那几步，当我们年轻时，当我们不懂取舍时，我们总是面临抉择，而当我们满腹经纶、有能力选择的时候，往往已经没有多少选择的机会了，这是人生的悲哀。所以，一定要早早地学会如何取舍如何选择，让自己少一点遗憾，让自己的人生多一分如意。

舍弃是一种净化心灵的艺术

著名作家贾平凹说：“舍与得实在是一种哲学，也是一种艺术。”

人活一世，生不带来，死不带去，却平白中产生了很多不愿舍弃的东西。诸如“难舍”“割舍”“舍不得”等词汇，都体现了我们面对舍弃时的痛苦和无奈。然而生活的经验告诉我们，倘若不舍弃一些东西，势必造成生活的负累。在我们面临难以舍弃的抉择之时，勇敢与果断就成了一个难得品质，勇于舍弃既是一种本事，也是一种现实需要，而善于舍弃更是一种处事艺术，而掌握这种艺术的关键，就在于一颗知足心，有了知足心，就会早早明白自己的底线在哪里，就会明白舍与得是必然的，与其逃避，不如静默相处。得所能得，舍所能舍，得所必得，舍所必舍，这是一种认识、一种清醒，是一股勇气、一种魄力。

该舍弃时就舍弃，特别是当你已经明知不舍只会让痛苦扩大时，不舍只会拖延青春，不舍只是味同鸡肋，此时此刻，更没有牢牢不放的理由。舍弃是一种睿智，舍弃得好，可以放飞我们的心灵，可以还原我们的本性，真实地享受到惬意人生；舍弃是一种选择，没有明智的舍弃就没有辉煌的获得。舍弃的艺术，在于进退从容之间积极乐观的态度，在于前行路上不奢求不贪婪的知足心，有了这样的态度与心态，必然会迎来光辉的明天。

舍弃不是闭着眼睛抓阄过人生，也不是知难而退故步自封，舍弃其实是一种欲扬先抑，以退一步来寻求主动、积极进取的心态。很多人不惜一切代价求取成功，可失败依旧不可避免，希望越大失望越大。而倘若我们优雅处之，就能从平衡中得到平安，从经验中获得成长。松开握紧的拳头，去感受自在与活力。

俄国作家托尔斯泰写过一则短篇故事：有个农夫，每天早出晚归地耕种一小片贫瘠的土地，但收成很少。一位天使可怜农夫的境遇，就对农夫说，只要他能不断往前跑，他跑过的所有地方，不管多大，那些土地就全部归他。

于是，农夫兴奋地向前跑，一直跑，一直不停地跑！跑累了，想停下来休息，然而，一想到家里的妻子和儿女啊！都需要更大的土地来耕作、来赚钱，所以，又拼命地再往前跑！真的累了，农夫上气不接下气，实在跑不动了！可是，农夫又想到，将来年纪大了，可能无人照顾、需要钱，就再打起精神，不顾气喘不已的身子，再奋力向前跑！最后，他体力不支，“咚”地摔倒在地上，死了！

对女人而言，工作不是生活的全部，事业有成更不是职业选择的唯一标准。舍弃既是一种处世哲学，也是一种做人做事的艺术。舍弃充斥于我们的琐碎生活中，日日上演或成功或失败的故事。刚者则柔不足，柔者则刚不足，勇者必戾，智者必诈，世间万物，芸芸众生，从来没有绝对的优点，也没有绝对的缺点。舍弃必然伴随着痛苦。何谓“割舍”？说的就是舍弃之时的疼痛。然而，没有舍弃，就没有获得，我们能做的，不是逃避舍弃，而是努力舍弃得更艺术、舍弃得更优雅。聪明的人，因为有一颗知足心，懂得舍弃的艺术，反而拥有更多幸福。

舍弃是一门哲学，更是一种本事。没有能力的人、没有通悟的人，往往不肯舍弃或者胡乱舍弃。舍弃的艺术，说起来容易，做起来却很难。史学家范晔说：天下皆知取之为取，而不知予之为取。如今太多人就是不知如何取舍，什么都不舍得放下，把握不住得失间的转化，只看眼前利益。拥有知足之心的人，掌握了舍弃的艺术，不急躁、不短视、不虚浮、不回避舍弃，即便内心有万般煎熬，舍弃时也是波澜不惊，舍弃后就知足常乐，这种舍弃最是境界，也最易获取幸福与尊敬。

有一天，几位学生怂恿苏格拉底去热闹的集市逛一逛。他们七嘴八舌地说：“集市里的东西可多了，有很多好听的、好看的和好玩的，有数不清的新鲜玩意儿，衣、食、住、行各方面的东西应有尽有。您如果去了，一定会满载而归。”他想了想，同意了学生的建议，决定去看一看。

第二天，苏格拉底一进课堂，学生们立刻围了上来，热情地请他讲一讲集市之行的收获。他看着大家，停顿了一下说：“此行我的确有一个很大的收获，就是发现这个世界上原来有那么多我并不需要的东西。”随后，苏格拉底说了这样的话：“当我们为奢侈的生活而疲于奔波的时候，幸福的生活已经离我们越来越远了。幸福的生活往往很简单，比如，最好的房间，就是必需的物品一个也不少，没用的物品一个也不多。做人要知足，做事要知不足。”

舍弃是艰难的选择，舍弃是勇敢的承担，舍弃是一种忍耐，是一种智慧，更是一种艺术。《左传》中有句话：“君以此始，则必以此终”，你舍弃了一样，选择了另一样，就必须要承担你的舍弃与选择所带来的连锁反应。“幸福就是必需的物品一个不少，没用的物品一个不多。做人要知足，做事要知不足。”而很多人，就没有这样的心态，无论拥有多少财富，还是不知足，不舍弃，每日追逐名利，虚荣肤浅，却不知自己真正想要的是什么。

拥有一颗知足之心，才能平心静气，才能掌握舍弃的艺术，之后才能睿智地审视自己的人生，才能做一个聪慧优雅的人。

舍了便放下，弃后绝不后悔

你的身边是否经常有人天天抱怨，抱怨假如当初选择那个人，今日就不用为柴米油盐而烦忧？是否经常有人懊恼，责怪自己入错行，不然如今就能年薪多少？是否还有人整日愁眉苦脸，纠结于自己不错的条件，却要苦哈哈地拼搏于世？人是感性的动物，喜欢倾诉，但倾诉得多了，就难免成了怨妇。觉得自己日子不好过，觉得自己选错了，种种不满，种种不如意，本来小小的事情，越怨念，越放大，于是恶性循环，越抱怨，不顺心的事情就越多，最后就成了彻彻底底失败的人生。

这种人就是犯了取舍的大忌——后悔。取舍之后，就要不后悔，不埋怨。这才是正确的良好的心态，才能营造更好的生活氛围。心态是一种力量。著名科学家、企业家诺贝尔曾这样说："有时决定你成功或者失败的，往往是你的心态。"美国成功学院也对1000名世界成功人士的生平作了研究，结果发现：积极的心态决定成功的85%！由此我们可以知道，任何事物都有积极的一面和消极的一面，人生的关键就在于你的心态是积极还是消极。倘若积极，则看到的就是乐观、进步与向上，紧接着人生、工作、人际关系及周围的一切就真的都会往成功向上的轨迹走；反之，倘若是消极的，则看到的就是悲观、失望与灰暗，而人生也就真的乐观不起来了。所以，取舍之后绝不能后悔。

甲、乙、丙、丁是四个最幸运的年轻人，他们得到上帝的垂青，可以搭上"愿望列车"，去选择自己的将来。"愿望列车"有四个停靠站，分别是金钱站、亲情站、权力站和健康站。甲、乙、丙、丁可以选择在任何一个车站下车。他们选择了哪个停靠站，经过努力后，在这方面的发展就会特别地顺利和成功，而其他方面则会相应地失败一些。

于是，四个人带着自己的追求作出了自己的选择。甲在"金钱站"下了车，乙在"亲情站"下了车，丙在"权力站"下了车，丁在"健康站"下了车。

三十年过去了，甲、乙、丙、丁四人不约而同地来找上帝倾诉。

甲说："谢谢上帝，我现在非常有钱，富可敌国。可是，年轻时为了挣钱，我透支了青春，现在身体总有这样或那样的毛病。我觉得很不幸，能否用我的钱把'健康'买回来？"

乙说："我很幸福，有一个和谐美满的家庭。可我的烦恼也挺多……我能用亲情换些金钱和权力吗？让家人更加幸福。"

丙说："我有许多权力，人家当面说的是赞美、讨好的话；背后却是恶语谩骂。别人请吃饭，不去不行，否则他们就说你有点权力就摆谱。坚持原则办事，亲戚就说你六亲不认……我多想有健康和亲情呀！”

丁说：“我身体健康，从没有去过医院。可我的妻子说我不求上进，像一头猪一样活着，永远也过不上开私家车、住别墅的日子。为此，我常常烦恼。我能不能用我的健康换些钱和权力来呢？”

上帝看了看四位，指了指天空自由飞翔的小鸟，又指了指笼中欢快跳跃的小鸟，说：“人其实就像小鸟，天空小鸟的快乐，在于它选择了自由；笼中小鸟的快乐，在于它可以轻松安逸地待在笼子里。快乐源于选择，快乐源于正确看待自己的选择。后悔是没有用的，后悔是伴着选择的。”

是的，人生就是如此，快乐源于正确看待自己的选择取舍，后悔是没有用的。你有什么样的取舍，也就拥有什么样的人生。那些幸福的人之所以幸福，不是因为他们选择了多么风光的事业或多么优秀的另一半，而在于他们取舍之后不后悔。聪明人总是能放平心态，作出最适合自己的取舍，之后就再也不为自己曾经的取舍而后悔。

常言道，一分耕耘，一分收获。怎样的付出，就有怎样的收获，“天上掉馅饼”的事情从来不会降临到心存侥幸的人身上。凡是取舍之后又后悔的人，都是选择了却又不珍惜，不为自己的选择而努力，以为可以一劳永逸，殊不知，取舍只是一切的开始，真正的路还在后面。任何选择，都只有付出艰辛的努力，才能获得成功，才能功德圆满。你想收获吗？一定要有起码的付出。这个世界有它不公平的地方，每个人的出身就伴随着不平等，你也许不够漂亮，也许家境不够富裕，也许天资不够聪颖……然而这个世界又存在公平之处，只要你在面临人生的机会与选择时作出正确的取舍，并为之付出努力，那么幸福就会降临。

取舍之后不后悔，是聪明人需要时刻提醒自己的座右铭，更是一个好心态。要知道，后悔是对自己当初取舍的不负责。抱着一颗不负责的心，如何能把事情做好呢？要想成功，就要把希望放在明天，把计划放在今天，把行动放在现在。取舍了，就义无反顾，克服所有畏难情绪，毫不犹豫，拿出行动，扎扎实实地去做好每一件事。不要抱怨，不要懊恼，不要诉苦，没有人喜欢听“怨妇”倾倒情绪垃圾，没有人有义务做你的心理垃圾桶。而对于你自己来说，抱怨只会让生活更难过，完全于事无补。只有放平心态，勇往直前，心中的慌乱才会得以平定，才能拼出成功的魔方。最终，你会发现，呀，当初的决定是多么正确！

卸下包袱，让自己活得轻盈一些

你是否每天都背着沉沉的行囊，疲惫前行？你是否每天都在给自己很多目标很多要求？你是否一直纠结于生活的细枝末节？可爱的人，问问你自己，这些是否重要到让你每天板着严肃的面孔，是否重要到让你失去轻松真纯的笑容？

在短暂的生命中，苦乐相随，没有人会永远一帆风顺，亦没有人会永远水生火热，家家有本难念的经，每个人都有各自的烦恼，不同的是我们对待愁苦的态度。面对生活中的磨难，有的人成了怨妇，有的人失去了温和从容，也有一种人，他们反而如花苞绽放，拥有了更加成熟淡定的隽永气质。这种人，就是聪明人。

聪明人懂得为自己“减负”，卸下包袱，轻装上阵。面对每个负担或者苦痛，举重若轻，该舍弃的时候舍弃，因为他懂得，只有彻底地卸下包袱，才能跟悲伤告别，同负累告别，与过往的自己告别，才能真正走向成熟，继续前行，成长为更美好的自己，拥有更美好的人生。

有一个人觉得每天不堪生活重负，没有丝毫的快乐可言。于是，他去请教一位德高望重的哲人。哲人把一只竹篓放在他的肩上说：“你背着它上路吧，每走一步都要从路边捡一块石头放在里边，看看是什么感受。”

那个人虽然大惑不解，可还是按哲人说的去做了。可刚走了几百步，他就感到背负太重受不了了，因为竹篓里已经装满了沉重的石头。“知道你每天为什么不快乐吗？是因为你背负的东西太沉重了，它已经把你的快乐压抑殆尽了。”哲人从竹篓里一块一块地取出石头说，这块是功名，这块是利禄，这块是小肚鸡肠，这块是斤斤计较……当大半篓石头被扔掉后，那个人背起竹篓走起路来感到从未有过的轻松。

卸下包袱，内心才能恢复宁静，身心才能得到休息。生活中其实有很多美、很多快乐等待我们去挖掘、去发现，然而我们总是庸人自扰，把一些莫须有的东西背在身上，如一个职称、一笔钱、一段发霉的感情、一些他人的期望……其实人应该对自己好一点，很多东西并不如我们想象的那样重要，是我们自己把它们背在身上，并且扩大化。

把过去的一切甩在身后，卸下身心包袱，让心回归最初的宁静，才能重新开始规划新的生活。很多人都知道这个道理，却很难做到。只有你不再受过去一些因素的影响时，你才能保持平和健康的心态，正确地把握将要发生的事，去获取新的成功。卸下包袱，做画家手中的那张干净的纸，这样才能画出美妙的图画。每一天都是崭新的开始，每一天都需要付出全部的努力，都需要认真地对待，只有卸下昨天的包袱，才能真正一丝不苟地去应对每一个环节和细节，才能把事情做好，才能过好未来。

有一个富翁背着许多金银财宝去寻找快乐，可是走过千山万水也未找到，于是他沮丧地坐在山道旁。这时，一位农夫背着一大捆柴草从山上下来。富翁说：“我是个令人羡慕的富翁，为何不快乐呢？”农夫放下沉甸甸的柴草，舒心地擦着汗水说：“快乐也很简单，放下就是快乐呀！”富翁恍然大悟：是啊，自己背着沉重的珠宝，既怕人偷又怕人抢，还怕被人谋财害命，整天提心吊胆，快乐从何而来？于是，富翁放下财宝，并用它接济当地的穷人。从此，富翁不再担惊受怕、忧心忡忡，反而因为帮助穷人、得到穷人的感激和爱戴而快乐起来。

人之一生，需要我们放弃的东西有太多太多，如果不是我们应该拥有的，我们就要学会放弃。几十年的人生旅途，会有山山水水，风风雨雨，有所得也必然有所失，我们只有学会放弃，卸下包袱，才能轻装上阵，才会活得更加充实和轻松。就好像这个富翁，放不下，于是快乐不起来；当他放下这些身外之物，卸下了无谓的负累后，他才真正拥有了快乐。

聪明的朋友们，无论你的梦想和目标是什么，过去的都已经过去，现在才是真正的开始，立即拿出行动，跟昨天挥手告别，这样才能实实在在地看到明天的希望。许多人总是忽略这一点，结果以失败告终。也许在你需要卸下包袱那一刻，你会犹豫、会怀疑，但是，只要迈出这一步，继续前进就不再困难，因为你不再有负累，你的心是轻松的。

成功，其实就是这么简单。忘却过去，刷新自己，才能获得更多灵感。把勤劳致力于当下，致力于未来；远离偷懒，掌握自己的命运，踏踏实实地做事，把握好生命的每一分钟，就有可能实现理想，就能接近成功。患得患失、过分计较自己的利益，就会变成“俗人”，这会成为我们获得成功的大碍。面临任何情况时，都应尽量保持平常心。适应一种生活，就必然要放弃某些观念和欲望。放弃得当，我们就会挣脱各种羁绊，打破各种禁锢；甩掉“包袱”，我们才能轻装前行，更快更好地融入适应的角色。

一切的不可能都只存在于我们心中，人总爱给自己设框架，以为放不下，其实，放下也不过如此。任何担忧、任何迷茫、任何恐惧和退缩都于事无补，任何时候，都要坚信，只有跟失败的昨日告别，才能看到明日的希望。别人能做到，你为什么做不到呢？只要你心存希望，满怀信心，太阳每一天都是新的！

学会放弃，执着过头便是固执

在现代社会的生存压力之下，竞争日趋激烈。于是，每个人都钻进自己给自己找的牛角尖里，蝇营狗苟，不愿出来。人生是为了什么？我们要活得开心，最关键的要素是什么呢？聪明如你，一定知道该执着时要执着，该放弃时要放弃的道理。只有放弃了苦恼，才能与快乐同行。生活中，有时不好的境遇会不期而至，搅乱我们的生活，让我们猝不及防，这时我们更要学会放弃，不要以为所有的执着都会得到褒扬，有时候，执着只是一种固执，只是当局者迷，发现不了。

在非洲，人们抓捕狒狒有一套十分奇特的方法。他们将狒狒爱吃的食物高高举起，故意让躲在远处的狒狒看见，然后把这些食物放进一个口小里大的洞中。等人们走远，狒狒就会欢蹦乱跳地过来，把爪子伸进洞里，紧紧抓住食物，但由于洞口极小，它们的爪子握成拳后就无法从洞口抽出来。这时，人就可以不慌不忙地过来收获猎物，根本不用担心狒狒会跑掉，因为它们舍不得那些可口的食物，越是惊慌和急躁，就将食物攥得越紧，爪子就越无法从洞中抽出来，最终白白搭上了性命。

其实，那些狒狒只要稍一松开爪子，放弃食物，就可以溜之大吉，但它们偏偏不！这就是愚蠢的固执。狒狒如人，然而人已是高级的动物，我们有完善的大脑与缜密的思维。作为理性的人，我们不是无意识的狒狒。我们必须学会放弃，善于放弃，不盲目执着。要知道，必要之时只有放弃，才会柳暗花明又一村。

我们常常说，执着的人值得赞许，因为他不抛弃不放弃。然而有时，放弃是另一种选择，是一种大智慧，更是一种勇气。盲目的执着，只是愚公移山，即便最后移动了，也不知枉费了多少气力，有这样的功夫，不如早早放手，转移方向，如此一来，获取的成功也许远非一座“山”。执着有时只是一种自欺欺人的固执，就好比失业者不肯放弃僵化的择业观念，整日萎靡不振、怨天尤人；好比失恋之人不肯放弃已经逝去的那段感情，把自己弄得失魂落魄、心灰意冷；好比赌徒不肯放弃“可能会赢”的侥幸心理，以至于血本无归、倾家荡产。凡此种种，都告诉我们有时执着是多么要不得。

摒弃多余的东西，不要让昨天的错误成为今天惩罚自己的刽子手。一味执着，不肯放手，只会占用大量的时间和精力，而让很多真正该做的事情没有做，让真正的梦想失去实现的机会。人生如戏，戏如人生，很多人执着于一段撕心裂肺的恋情，执着于一份未能得到的工作，执着于一个已经犯下的错误，执着于一件未能完成的事情……这么多执着，有多少意义，能弥补什么？执着于这些或他人或自己的过失，带给我们的能是什么？除了茫然伤神，除了失意黯然，还有什么？有多少年轻人，在这种执着之中，让青春白白流逝，让时光匆匆溜走。当执着成为一种固执，它就不再是“执子之手，与子携老”的感动，而是一种自怨自艾，而是一种冥顽不灵。

1996 年春，12 名攀登珠穆朗玛峰的登山者死于暴风雪，而当时另外一个登山者却保住了性命。因为他在距峰顶仅 300 英尺时转身下山了。

对于克洛普来说，登顶对他意义重大。如果他能够在不携带氧气的情况下成功登顶，将刷新珠峰攀登的世界纪录。但是那样做，如果花费 45 分钟的时间到达峰顶，就会超过安全的时限，无法在夜幕降临前下山。那次遇难的 12 名登山者中，大多数人都登上了峰顶，但遗憾的是他们都错过了安全返回时间。克洛普经过几周休养调息后，终于登上了珠峰，重要的是他毫发无损地回到家乡。

如果克洛普与其他登山者一样，执着于登顶，则必然与他们一样，失去最宝贵的生命。克洛普放弃登顶时，有没有过犹豫，有没有过挣扎？肯定有！大家都往上走，只有他放弃，他需要多大的力量才能说服自己啊！但是他最终作出了最正确的决定。不执迷于贪欲虚名，不执迷于权力角逐，不执迷于金钱诱惑，才能放弃不必要的执着，才能快速到达目的地。我们的人生就像繁花，绽放斑斓之时必有终将凋零的烦恼；我们的人生就像红烛，浪漫温馨之际定会留下斑斑泪痕。所以，在人生旅途中，我们更不应让自己盲目执着于无谓，沉重而无奈地前行，放下这份固执，去拥有一份好心情，去撷取人间瑰丽的风景吧！

不固执，在该放弃时勇敢放弃，是明智之举，是顿悟之果。而主动地放弃，更是一种坦荡的心境与博大的胸襟；不固执，对感性的人而言，更是一种勇气和魄力。诚然，永不言弃通常是人们嘉奖的精神，但有时舍弃是为了更好的明天。在充满种种诱惑的今时今日，我们要学会舍弃，更要善于舍弃。聪明的舍弃会使我们离成功更近，而某些时候的固执却会让我们在错误的路上越走越远。因此，该舍弃时就舍弃，为了一棵小树而放弃一片森林，就不是执着，而是固执。适时放弃，有所坚持有所放弃，只有这样，我们的内心才能更平衡，不盲目固执；也许才是人生的捷径。

放下手里的旧物，才能拿起新东西

失之东隅，收之桑榆。都说“得不到的东西最美丽”，其实，适时放弃，才会有更多的希望。既然明知不可能得到，又何必为此朝思暮想？不如把这份美丽保留在心中，去珍惜尚在身边的那些被我们忽略的美与爱。一个人如果不懂得适时放弃不属于自己的东西，就不会珍惜身边的美好，等同于放弃了自己更多的希望。在适当的时候，坚强地放弃，顺其自然，反而会在不经意间找到真正适合自己和属于自己的东西，而这便是当初适时放弃带给自己的希望。

梁洛施21岁生下“小超人”，获赠城堡一座，从此走进李家门，衣食无忧。当初梁洛施与李泽楷开始恋情时，外界全部不看好，英皇甚至百般阻挠并百般劝诫，李家家长也出面澄清，表示与梁洛施没有丝毫瓜葛。而解约事件之后，梁洛施突然在人们视线中销声匿迹，只有只言片语，说她在美国读书。有记者拍到她在美国清汤挂面清清纯纯的学生扮相，报道一切已经成为过去。谁知道倏忽之间，峰回路转，她诞下“小超人”，从此名正言顺，母凭子贵。

梁洛施年纪轻轻，就上演了一出欲扬先抑的戏码，她聪明就聪明在该放弃时就放弃，并且果真做到干干净净，心态好，不再说一句舍不得，不再有一丝留恋的表现，于是弄得人家心里反而有千般不舍、万般眷恋。在美国的时间里，她不去找李泽楷，不以泪洗面，安安静静地过生活。而最后，男人舍不得她，回头找她，年轻的她，成了最大的赢家。梁洛施历经以往那么多艰险，她知道这一次不可以再与强大的势力顽固抗衡，她选择适时放弃，让一切回归平静，而其实，这种放弃的背后，是为了未来更多的希望。如果当初的梁洛施执迷于这段感情，则只会败给社会观念带来的重重压力与伤害。

适时放弃，有时未必会真的再也无所得，事实恰恰相反，这是为了真正的“得”。

普希金在一首诗中写道：“一切都是暂时的，一切都会消逝；让失去的变为可爱。”有时，失去未必是忧伤，却有可能成为一种美丽；失去不一定是损失，也许是一种希望。只要抱着积极乐观的心态，让自己变得更可爱，让自己的生活更美好，那么该得到的总归会得到。

适时放弃是自然界万物生长消亡的规律，也是人生的一种成长方式、一种艺术。人生需要执着，但执着不正是因为众多的舍弃才闪耀出特有的光华吗？人生需要适时放弃，在该放弃的时候放弃，才能迎来最后的成功。所以说，掌握适时放弃的功力就掌握了做人的功底，适时放弃也是成功人生的一堂必修课。仔细观察一下就会发现，凡是聪明优雅的人，心态都很好，需要他放弃时，他笑一笑，就放下了；你以为他真的无欲无求吗？其实不然，他是为了更多的希望。

“中国门王”韩兆善一手打造了“盼盼”这一知名商标。但刚开始，韩兆善经营的是“宫灯牌”铁皮卷柜，而且卖得很火，到1990年已实现产值2800万元，利税240万元，成为东北同行业的第一大户。正在这个时候，韩兆善却决定放弃生产铁皮卷柜而改为生产防盗门，结果招来许多非议。有人说，卷柜卖得好好的，搞什么防盗门？有人断言，防盗门生产是一个走下坡路的行业，没什么前途，要想把这个行业做大很难。还有人认为，防盗门生产没什么科技含量，也形成不了产业。韩兆善反问：“一个档案柜能一劳永逸吗？不说外省，就说省内，光沈阳就有十几家生产档案柜的，咱们市场还能拓展多少？不知什么时候就没饭吃或被挤掉了。档案柜只适合企业、机关，市场有限，而防盗门适用千家万户，这是一个无限广阔的市场。”

韩兆善经过两年的市场调研和技术攻关，不久就生产出八点锁紧的防撬门，产品一上市，即获得了满堂彩。由于产品的转型成功，“盼盼”的产品不但在国内市场占了先机，而且又把市场转向了海外。

假如韩兆善当初没有放弃生产铁皮卷柜，那么，今天的市场上还有韩兆善的立足之地吗，还会有“盼盼”吗？有人说，人生之难胜过逆水行舟，此言甚是有理。人生在世，不如意之事十之八九，取舍之难时刻困扰着我们。有的人因此把自己的生活搅得支离破碎，有的人因此陷入迷乱茫然，这时，请记住，不要消极，尝试站在一个全新的角度，用自己积极开朗的心去重新看待生活中的点点滴滴，你会发现，原来答案就在那个不显眼的角落，原来只要在适当的时刻放手，一切都会“柳暗花明又一村”。只有这样，我们才能轻松、愉悦地走过人生的风风雨雨，才能在不长不短的一生中，不留遗憾。

人尤其需要懂得适时放弃，去议松自己的心灵，去驱散密布的乌云，去清扫自己尘封已久的心房。适时放弃，人生才能有爽朗心境；生活才会充满灿烂阳光。适时放弃是一种境界，是历尽跌宕起伏后不屑于世俗的眼光，是饱经人间沧桑之后淡泊于财富的心情，是运筹帷幄、充满自信的自然流露。只有在自信满怀之后，只有在领悟玄妙之后，才会懂得适时放弃并善于放弃，才会迎来明天的希望，才能获得真正的成功。因此，我们在争取的同时，也要懂得学会适时放弃，退一步、忍一时、放一下，聪明如你，一定是最后的赢家。

明白了适时放弃的道理，并将其运用于生活中，我们就能从无尽的烦恼中解脱出来，我们的心就不会那般沉甸甸，我们就能坦然面对各种人各种事，在人生的道路上进退自如，豁达大度。也许一转身，你就看到了崭新的希望与崭新的美好!

第11章

肯吃亏是对得失的领悟：人生有得必有失，有失才有得

拥有时，并不代表如意；失去后，也并不表示结束。有得必有失，有失必有得，人生就是这样一个得与失的过程。在得与失之间，我们无须不停地徘徊，更不必苦苦地挣扎，而应用一颗平常心来看待生活中的得与失。我们要清楚对自己来说什么才是最重要的，然后主动放弃那些可有可无、不触及生命意义的东西，求得生命中最有价值、最纯粹的东西。去粗存精地放弃，是为了更轻松、欢快地迈向人生的光辉顶点。

人生有所失才会有所得

人生有所失才会有所得。在你认为得到的同时，其实在另外一方面可能会失去一些东西，而在失去的同时，也可能会有一些你意想不到的收获。

人生的许多烦恼都源于得与失的矛盾。如果单纯就事论事来讲，得就是得到,失就是失去,两者泾渭分明,水火不容。但是,从人的生活整体而言,得与失又是相互联系、密不可分的，在一定程度上，我们甚至可以将其视为同一件事情。我们不妨睁开眼睛仔细看一看，动动脑子认真想一想，在生活中有什么事情纯粹是利、有什么东西全然是弊？显然没有！所以，凡是心胸开阔的人都晓得，天下之事，有得必有失，有失必有得。

人生中，得与失，常常发生在一念之间。到底要得到什么？到底会失去什么？仁者见仁，智者见智。不可否认的是，人应该随时调整自己的人生目标，该得的，不要错过；该失的，洒脱地放弃。都得，一定是他人为你放弃；都失，也太对不起自己。

人生一世，就是在“得”“失”之间度过和完成。有所得，必有所失；有所失，总有所得。你得到什么，也可能失去什么；同样，你失去什么，也可能得到什么。有时你在物质上作出了牺牲，看似亏了，但精神上得到了莫大的安慰和享受，实际上你并没有亏；有时你付出了，或者是少得了，看似亏了，实际上你表现出了高姿态、高风格，大家心中有数，佩服你、敬重你，可能在其他情况下、其他场合中优待你、赐予你更多的利益或荣誉，使你占足了“便宜”。

上天给予我们每个人的都是一座丰富的宝库。但你必须学会放弃，选择适合你自己的。人生有所失才会有所得，只有放弃一部分，我们才会得到另一部分；只有放弃某种我们凭“惯性”而固守着的东西，才会得到另一些真正对我们有用的东西。

一位成功人士对得失有较深的认识，他说，得和失是相辅相成的，任何事情都会有正反两个方面，也就是说，凡事都在得和失之间同时存在。

苏哈和一个极愚笨的人由于意外的原因，同时得到了命运之神的眷顾。命运之神说：我给你们每人一次中巨额奖金的机会，有花不完的硬通货。

苏哈提出额外的要求：我比那笨人更多理性、智力，我应该在最后比他富有。命运之神勉强答应了。愚笨的人果然有了横财，他只能就俗，宝马香车、美人红酒。中年以后，穷极无聊，成为赌场的常客。当钱所剩不多时，寿终正寝，结束了庸俗的一生。苏哈在死之前一天中了1亿美元的六合彩。命运之神满足了他的要求。这说明有时好处求得越多，死得越尴尬。

苏哈第二次和一个极愚笨的人得到命运之神的死幸时，他又加上额外的要求：我要和那愚笨的人同样在年轻时富有，而且应该在最后比他富有。命运之神请求他收回要求未果，悲伤地答应了他。两个人同一天有了2亿美元。愚笨的人毫无创造性地当即过上了物质主义的生活，苏哈用了一天拟订出比愚人高妙千倍的花钱计划。第二天，他死了，命运之神再次满足了他的要求。这说明有时好处求得越多，死得越悲惨。

命运之神眷顾他们的第三次，苏哈仔细思考了无缺憾的要求，以使自己完全能占上风，他说：我要和他同样在年轻时走运，终生比他有钱，而且长命百岁，这样，才能对得起我的智慧。命运之神马上允许了。结果，愚笨的人得到了3亿美元，聪明的苏哈得到一个精神病医生的护理。命运之神的一条准则是：如果一个人处心积虑地要把所有的好处都归于自己，就有病了。

在这个世界上，没有一劳永逸、完美无缺的选择。你不可能同时拥有春花和秋月，不可能同时拥有硕果和繁花。你不可能同时拥有明星的欢呼鲜花和隐者的清逸自在。你不可能同时走上两条不同方向的道路，各个方面都出类拔萃。你不可能同时拥有绰绰有余的游戏时间和令人敬重的卓越成绩。你不可能把所有的好处都占完了，你总要学会权衡利弊，学会放弃一些什么，然后才可能得到些什么。你总要学会接受生命的残缺和悲哀，然后心平气和。因为，这就是人生。

过去，我们常常为自己失去的东西而闷闷不乐，甚至后悔，从而把自己本应该丰富多彩的青春弄得黯然失色。其实，我们的一生，总在得失之间，我们只有认清了这一点，才不至于因为失去而后悔，才能生活得更快乐。

舍得就是得与失的转换

善于舍弃，包含着审时度势的大智慧，从这个意义上来说，“舍”本身其实就是“得”。善于舍弃，主动向后退一步，反而会获得更加广阔的发展空间。

在汉语中，“舍”与“得”是连在一起的。的确，舍得舍得，没有舍便没有得，舍中有得，得中有舍。在很多情况下，要想得到一些东西，就必须舍弃另外一些东西。舍，看起来是给人，实际上是给自己；给人一句好话，你才能得到别人的赞美；给人一个笑容，你才能令别人也对你“回眸一笑”！

“舍”和“得”是因果相关的，舍与得也是互动的。能够“舍”的人，一定拥有富者的心胸，如果他的内心没有感恩、结缘的性格，他怎么肯“舍”

给人，怎么能让人有所“得”呢？他的内心充满欢喜，他才能把欢喜给你；他的内心蕴藏着无限的慈悲，他才能把慈悲给你。自己有财，才能舍财；自己有道，才能舍道。

清代红顶商人胡雪岩破产时，家人为财去楼空而叹惜，他却说：“我胡雪岩本无财可破，当初我不过是一个月俸三四两银子的伙计，眼下光景没什么不好。以前种种，譬如昨日死，以后种种，譬如今日生吧。”胡雪岩失去了一手经营的万贯家财，却没失去心理上的平衡。

的确，人赤条条地来到这个世界，又赤手空拳地离去，化作尘土，没入宇宙。在时间的长河里，人只是一个匆匆过客。人不可能永久地拥有什么，到头来终要放下一切，重要的是让短暂的人生变得更富意义和内涵。

著名作家贾平凹说：“舍与得实在是一种哲学，也是一种艺术。”人们常言“很难割舍”“难舍难分”“真舍不得”，这些司空见惯的思绪与情愫，都体现了人们面对舍弃时的一种痛苦与无奈。人的一生就是这样，面对着一个又一个无穷无尽的“舍”与“得”，在或主动或被动的不断选择之中，不难体会到这样的情形：总是想“得”的念头多，想“舍”的时候少；“得”之兴奋不已，“舍”之却懊恼难当；故想“得”易，想“舍”难。

“得”建立在“舍”的基础之上，但“得”的获取还与多种因素有关，有“舍”并不一定有“得”，而不“舍”则一定不会有“得”。如参加奥运会的运动员都曾进行过长时间的高强度训练，所在国家或地区亦曾为他们花过不少钱，都有所“舍”。但赛场上的奖牌只有三枚，冠军只有一个，绝大多数人与奥运冠军甚至与奖牌无缘；然而，如果不进行长时间高强度的训练，舍不得“舍”，则肯定拿不到奖牌，更不可能拿到金牌。

舍得放弃是一种超脱，当你能够放弃一切做到简单、从容、快乐地活着的时候，你人生中的那道坎也就迈过去了。人生就像是我们在列车上的一次长途旅行，到了站点，你就必须下车。沉迷于过往的人将永远生活在痛苦和遗憾之中。

飞速行驶的列车上，一位老人不小心将刚买的新鞋从窗口掉下去一只，周围的旅客无不为之惋惜，不料老人毅然把剩下的另一只也扔了下去。众人大惑不解，老人却从容一笑：“鞋无论多么昂贵，剩下一只对我来说就没有什么意义了。把它扔下去，就可能让拾到的人得到一双新鞋，说不定他还能穿呢。”

老人在丢了一只鞋后，毅然丢下另一只鞋，这便是成熟而理智的表现。一般来说，人们总是飘飘然于拥有的喜悦，而凄凄然于失去的悲伤。老人却以从容的达观之态，超越于世人之上。的确，与其抱残守缺，不如舍去，这样或许反而会给别人带来幸福，同时也使自己心情舒畅。老人这种舍得的做法令人顿生敬意，也值得我们深思。

走路时，不舍去后面的一步，便无法跨出向前的一步；写作时，不舍去冗长的赘语，便无法成为精简的短文；庭院里的花草树木，如果你舍不得剪去枯枝败叶，它就无法长出嫩绿的新芽；都市中，如果你舍不得破坏简陋的违章建筑，便无法建设市容整齐的现代大都会。如果情爱是束缚，你能舍去情爱，自然就会得到自在；如果骄傲是烦恼，你能舍去骄傲，不就能得到清静了吗？如果妄想是虚幻，你能舍去妄想，不就能得到真实了吗？如果挂碍是痛苦，你能舍去挂碍，不就能得到轻松了吗？所以，能舍什么，就能得什么，这是必然的道理。

善于舍弃，包含着审时度势的大智大慧，当断则断的大勇大谋。扬长避短，壮士断腕，两利相权取其重，两害相权取其轻，从这个意义上来说，“舍”本身就是“得”。古人说：“退一步海阔天空。”善于舍弃，主动向后退一步，反而会获得更多的利益，拥有更加广阔的发展空间。勇于追求，是一种精神；勇于舍弃，却是一种境界。世上因有了勇敢的追求而多姿，世间因有了明智的舍弃而精彩。

当你打开双手，世界就在你手中

我们之所以举步维艰，是因为背负太重，之所以背负太重，是因为还不会放弃。功名利禄常常微笑着置人于死地。生活也一样，人们每天总有干不完的事。但是，你有没有仔细想过，如果天天为工作疲于奔命，最终这些让我们焦头烂额的事情也会超过我们所能承受的极限。尤其是在当今社会，生活节奏不断加快，“时间”似乎对每个人都不再留情面。于是，超负荷的工作给人造成不可避免的疾患。因为人们的生活起居没了规律，所以患职业病者、情绪不稳定者、心理失衡者甚至猝死者人数不断攀升，而这种情况，也给人们的生活、工作及心理上造成了无形的压力。

这时，我们需要换一种心情，放下工作，试着做一些运动，以偷得片刻休闲，消去心中的烦闷。有一位网球运动员，每次比赛前都要一个人去打篮球。有人问他：“为什么你不练网球？”他说：“打篮球我没有丝毫压力，觉得十分愉快。”对于他来说，换一种心态，换一种运动方式，就是最好的休闲。

清人朱溱在《北窗呓语》中写道：“人有妄想，则睡卧不宁；人有奇想，则起坐不定；人有贪想，则闻见皆非；人有疑想，则疑虑必大。”这里所说的妄想、奇想、贪想、疑想，归纳起来皆是“杂念”，皆是脱离现实的非分之想，皆是直接危害心理健康的多余，应该舍弃。如果过分期盼子孙成龙成凤，如果过分期盼自己能青春永驻，如果在生活上与款爷、富翁的奢靡攀比，凡此种种，越盼越比越痛苦，当然就会影响健康。

丹麦哲学家齐克果有句名言，叫作“无限的舍弃”，生活是一种舍弃的艺术，有舍弃才有获得。善于舍弃生命中的“杂念”和多余，换来的是心智的清醒、心灵的净化、健康的体魄。

生活中，我们时刻都在取与舍中选择，我们又总是渴望着取，渴望着占有，常常忽略了舍，忽略了占有的反面——放弃。懂得了放弃的真意，也就理解了“失之东隅，收之桑榆”的妙谛。懂得了放弃的真意，静观万物，体会与世界一样博大的境界，我们自然会懂得适时地有所放弃，这正是我们获得内心平衡的好方法。

然而，放弃并非易事，它需要很大的勇气。放弃意味着失去，放弃意味着付出，放弃体现着放弃者的精神境界。记得有位诗人曾说过：“要想采一束清新的野花，就得放弃城市的舒适；要想做一名登山健儿，就得放弃白嫩的肤色；要想穿越沙漠，就得放弃咖啡和可乐；要想拥有永远的掌声，就得放弃眼前的虚荣。”当鱼翅和熊掌不可兼得时，就得把放弃摆到桌面上斟酌一番。面对诸多不可为之事，勇于放弃，是明智的选择。只有毫不犹豫地放弃，才能重新轻松投入新生活，才会有新的发现和转机。

美国的石油大亨默尔因患心力衰竭症住进汤普森急救中心，病愈出院后，他卖掉了自己几十亿美元资产的公司，并将所得全部捐给了慈善和卫生事业，自己则移居到乡下颐养天年。

1998 年，已 80 岁高龄的默尔在参加汤普森急救中心的百年庆典时，有记者问他当初为什么要卖掉自己的公司，默尔指着刻在医院大厅里美国好莱坞影星利奥·罗斯顿的一句遗言说：“是利奥·罗斯顿提醒了我。”利奥·罗斯顿的那句遗言是：“你身体很庞大，但你的生命需要的仅仅是一颗心。” 后来，默尔在自己的传记里这样写道：“巨富和肥胖没有什么两样，都是获得了超过自己需要的东西罢了。”

是的，多余的脂肪会压迫人的心脏，多余的金钱会拖累人的心灵，多余的念想、多余的追逐会增加生命的负担。因此，若想活得充实、潇洒、轻松、快乐、健康，就要善于舍弃生命中的多余。

生活有时会逼迫你不得不交出权力，不得不放走机遇，甚至不得不抛下爱情。所以，我们应该学会放弃，放弃会使自己豁达豪爽，放弃会使我们冷静主动，放弃会让我们变得更智慧和更有力量。也许放弃当时是痛苦的，甚至是无奈的选择。但是，若干年后，当我们回首那段往事时，我们会为当时正确的选择感到自豪，感到无愧于人生。

生活中缺少不了放弃。大千世界，取舍是相互伴随的，有所弃才有所取。人的一生是放弃和争取的矛盾统一体，我们要潇洒地放弃不必要的名利，执着地追求自己的人生目标。放弃，是对人生的透彻洞悉和睿智决断，是气质非凡的手笔。放弃，对每个人来说，都是痛苦的过程。但是，若不懂得放弃，想拥有一切，最终你将一无所有。电影《卧虎藏龙》里有一句很经典的话：当你紧握双手，里面什么也没有；当你打开双手，世界就在你手中。

权衡利弊，舍小失为大谋

人的一生会遇到很多十字路口，当你茫然四顾，不知向何处走的时候，一定要理智。在生活让我们必须付出惨痛的代价以前，主动放弃眼前利益而保全长远利益是最明智的选择。正所谓“两弊相衡取其轻，两利相权取其重”。

一个人在危急时刻，往往手忙脚乱，失去分寸，最容易只见树木而不见森林。很多时候，舍不得局部的或眼前的一些小利益，很可能会使自己损失整体利益。有一些事情，表面上看来是获得，是胜利，但是从整体、长远看来则是损失，聪明的人不会被此迷惑。常言说得好：“因小失大。”假使你以单纯的想法自以为获得，最终往往会发现其实是受到损失了。

一个青年非常羡慕一位富翁取得的成就，于是他跑到富翁那里询问他成功的诀窍。富翁弄清楚了青年的来意后，什么也没有说，而是转身从厨房拿来了一个大西瓜。只见富翁把西瓜切成了大小不等的三块，然后把西瓜放在青年的面前：“如果每块西瓜代表一定的利益，你会如何选择呢？”

“当然选择最大的那块！”青年毫不犹豫地回答。富翁笑了笑说：“那好，请用吧！”富翁把最大的那块西瓜递给了青年，自己却吃起了最小的那块。当青年还在津津有味地享用最大的那一块的时候，富翁已经吃完了最小的那一块。接着，富翁很得意拿起了剩下的一块，还故意在青年眼前晃了晃，然后又大口吃起来。

其实，最小的那块和最后的那块加起来要比最大的那一块分量大得多。青年马上就明白了富翁的意思：虽然富翁开始吃的那块西瓜没有自己吃的那块大，可是最后他比自己吃得多。如果每块代表一定程度的利益，那么富翁赢得的利益自然要比自己多。

吃完西瓜，富翁讲述了自己的成功经历，最后对青年语重心长地说：“要想成功就要学会放弃，只有放弃眼前的小利益，才能获得长远的大利益，这就是我的成功之道。”

所以，做事情不能被眼前的利益所左右，不能为虚假的东西所迷惑，不能为表面的得到而沾沾自喜，不能为保全一点小利益而暗自庆幸，而要正确地看待个人的得失。得，应得到有价值的东西，失去固然可惜，但也要看是否失有所值，如果暂时的失去能够换来长久的、整体的大胜利，那么这样的失又有什么值得惋惜的呢？

世间最强的人是什么样的人呢？也许你会认为是有财产的人、有地位的人，抑或是有名望的人。其实不然。世上最强的人可说是身无长物之人，也就是最肯“舍弃”的人——不留恋金钱、财产、地位、名誉、权力，甚至连命都不留恋的人，这才可怕。

第二次世界大战后，以美、英、法为首的战胜国决定在美国纽约成立一个协调处理世界事务的联合国。一切准备就绪之后，大家蓦然发现，这个最有权威的世界性组织竟找不到自己的立足之地！

听到这一消息后，美国著名的家族财团洛克菲勒家族经商议，马上果断出资 870 万美元，在纽约买下了一块地皮，将这块地皮无条件地赠送给了这个刚刚挂牌的国际性组织——联合国。同时，洛克菲勒家族亦将毗邻这块地皮的大面积地皮全部买下。

对洛克菲勒家族的这一出人意料之举，许多美国大财团都吃惊不已——870万美元，对于战后经济萎靡的美国乃至全世界来说都是一笔不小的数目呀，而洛克菲勒家族却将它拱手相赠，并且什么条件也没有。这条消息传出后，美国许多财团主和地产商纷纷嘲笑说：“这简直是蠢人之举。”并纷纷断言：“这样经营不要十年，著名的洛克菲勒家族财团便会沦落为著名的洛克菲勒家族贫民集团。”

但出人意料的是，联合国大楼刚刚完工，毗邻它四周的地价便立刻飙升起来，相当于捐赠款数十倍、近百倍的巨额财富源源不断地涌进了洛克菲勒家族。这种结局令那些曾经讥讽和嘲笑过洛克菲勒家族的商人目瞪口呆。

其实在许多时候，赠予也是一种经营之道。有舍才有得，只有舍去，才能得到。就像对待生活，过去的，我们总是无限回忆、无限追思，却不知前面的风景更加美好。向前看，才会有所发展，有所进步。虽说人生获取不易，可割舍也很难。我们总是在该舍弃时“舍不得”，舍去之后又后悔不已，实在无法做一个好的忍者。常言道“忍痛割爱”，道出了一个“舍”字的难度和境界。

无数事实表明，一个人只有深谋远虑、从整体上分析和进行判断，顾全大局，舍小取大，才能作出正确的选择和决策。如果目光短浅，为小利所蒙蔽，就容易招致灾祸。有时，为了顾全大局，保护更大的利益，需要学会暂时舍弃相对较小的利益。人生总是有得有失，放弃是为了大踏步地前进，放弃是真正的勇气，也是真正的智慧。

小亏不吃，大亏就吃不起

被世人誉为“扬州八怪”之一的郑板桥，留下两句四字名言，一句是“难得糊涂”；另一句是“吃亏是福”。对于修身养性，后一句更值得人们去推敲。细细想来，实际上，又有几个人肯吃亏，又有几个人真的认为“吃亏是福”呢？

其实，越是不肯吃亏的人，越是可能吃亏，不但吃亏，而且往往会多吃亏、吃大亏。唯有不计较吃亏的人，才会真正有福。吃亏，虽然意味着舍弃与牺牲，但也不失为一种胸怀、一种品质、一种风度。贪心的人，总是费尽心思去算计别人，在其热情、仗义与关切的伪装背后，更多的是肆无忌惮地对别人的进攻与伤害。不怕吃亏的人，才能在一种平和自由的心境中感受到人生的幸福。

吃亏是福道出的是一种潇洒的生活态度，敢于吃亏也是一种做人的方法。做人的可贵之处是乐于退让，事实就是如此，自己主动吃点亏，往往能把棘手的事情做好，能把很难处理的问题顺利解决。

任何一个有作为的人，都是在不断吃亏中成熟和成长起来的，从而变得更加聪慧和睿智。一旦吃亏便愁肠百结、郁郁寡欢，甚至捶胸顿足、一蹶不振，受伤者只能是你自己。人生在世，人们想得到的东西实在太多了，这是人的本性，但是，欲壑难填，欲望常常使人对“舍”与“得”把握不定，不是不及，便是太过，于是产生了许多本来不应该发生的悲剧。我们常说：会生活的人，或者说成功的人，最懂得的就是“舍得”。“舍得”几乎囊括了人生所有的真知妙理，只要我们能真正把握舍得的尺度，便掌握了人生成功的钥匙。善于变通的人懂得，在一定条件下，吃亏是福，会吃亏的人才会成功。

岛村芳雄是日本东京岛村产业公司的董事长，他原先是在一家包装材料厂当店员，后来改行做麻绳生意，就在做麻绳生意时，他创出商界著名的“原价销售术”。

岛村的原价销售术很简单，首先他以5角钱的价格到麻绳厂大量购进45厘米的麻绳，然后按原价卖给东京一带的工厂。完全无利的生意做了一年后，岛村开始按部就班地采取行动，他拿购货收据前去订货客户处诉苦：“到现在为止，我是一毛钱也没有赚你们的。但是，这样让我继续为你们服务的话，我便只有破产一条路可走了。”这样与客户交涉的结果，是客户为他的诚实所感动，甘愿把交货价格提高为5角5分。同时，岛村又到麻绳厂商洽：“你们卖给我一条5角钱，我一直是原价卖给别人，因此才得到现在这么多的订货。如果这赔本的生意让我继续做下去，我只有关门倒闭了。”厂方一看他开给客户的收据存根，大吃一惊。这样甘愿不赚钱的生意人，麻绳厂还是第一次遇到，于是毫不犹豫地一口答应他一条算4角5分。

如此一来，以当时他一天1000万条的交货量计算，他一天的利润就是100万日元。创业两年后，他就成为誉满日本的生意人。岛村的成功，不能不说是源自他巧用了敢于自己吃亏的“原价销售术”。

在某些“聪明”人看来，“原价销售”无利可图，是一种糊涂行为；而目光远大，善于从长远利益考虑问题，不计较一时的赔赚，恰恰是精明人所特有的赚钱风格。要想做大生意发大财，就要懂得“欲取先予”的道理。柏拉图说：“人是一种懂得计算成本的动物。”德国的铁血宰相俾斯麦曾说过：“当我放下诱饵来引诱鹿群，我就不会射杀第一个走过来的母鹿，而是等到一群鹿都围拢过来之后。”中国的古人曾说过：“将欲取之，必先予之。”不劳而获或者不付出只索取的事情是不存在的，即使短期取得成功，也不会长久。

吃亏并非是损失，吃亏是一种谦让的精神、一种成全他人的品德。吃亏是福。因为人都有趋利的本性，你吃点儿亏，让别人得利，就能最大限度地调动别人的积极性，使你的事业兴旺发达。曾经有人说过这么一段发人深省的话："福祸俩字半边一样，半边不一样，就是说，两个字相互牵连着。所以说，凡遇好事的时候别张狂，张狂过了头后边就有祸事；凡遇到祸事的时候也别乱套，忍着受着，哪怕咬着牙也得忍着受着，忍过了、受过了，好事跟着就来了。"

"吃亏是福"不是简单的阿Q精神，而是福祸相依的生活辩证法，是一种深刻的人生哲学。相信"吃亏是福"，可以使心胸变得宽阔，心态更加乐观、积极，当自己遇到困难时，也能得到更多人的真心帮助。

在舍弃和获得的交替中得到成长

想要驾驭好生命之舟，我们面临的是一个永恒的主题：学会放弃。在我们惯有的思维中，总以为生活的继续会让我们拥有更多的收获，所以对于放弃我们根本不加考虑，却对永不放弃情有独钟，把不轻易放弃作为固定的人生哲学。因此，有很多人在面临抉择的时候总是舍不得放弃，结果赔了夫人又折兵。

如果只懂得抓住不放，甚至是贪得无厌，那么，面对灯红酒绿的花花世界，那么多的诱惑如何去抗拒？当一个比你原来更完美的人出现时，当更令你痴迷的物品出现时，如果不加考虑地接受，就会带来无尽的压力和难以摆脱的痛苦，甚至毁灭自己。学会放弃，不是消极避世，不是丢掉进取心，不是扔下一切、得过且过，而是一种审时度势、去粗存精的选择，是为了剪掉生命的尾巴，更轻松、欢快地迈向人生的光辉顶点。

小和尚去河里挑水时，没注意，水里带回来一只小蝌蚪。老方丈看到了，就走过来说："放到玻璃瓶里养些天吧，看看它有什么变化，然后再把它放到河里去也不迟。"小和尚就把小蝌蚪暂且养起来了，大概过了一个月，小蝌蚪的长尾巴几乎看不见了，长出了四只小腿儿。老方丈看看快长成青蛙的小蝌蚪，又看看勤勉饲养它的小和尚，默然不语。

不知又过了几天，小蝌蚪的尾巴也彻底消失不见了，终于变成了一只绿色的小青蛙。老方丈捧着玻璃瓶看了又看，然后对小和尚说："你可以把它放回大自然了，它终于由原来的蝌蚪变成青蛙了，阿弥陀佛。"

小和尚又去挑水时，就把小青蛙给放了，回来的路上，他遇到了老方丈从山上下来，老方丈居然背着一捆树枝。他非常困惑地问老方丈："您这么大岁数了，为什么还要亲自上山砍柴呢？"老方丈笑笑说："我不是去砍柴，我是去为小树们超度剪枝，树木不如蝌蚪，它们的'尾巴'不会自行消失的，必须有人动手砍去才行。"

直到这时，小和尚才幡然醒悟，一下子抛去了许多烦恼和忧患，道行猛然长进了许多。蝌蚪不收尾巴成不了青蛙，苗木不砍枝成不了大树，人生不及时取舍和抉择就难以完成出类拔萃的功业，这就是适当舍弃的旷世哲理。但是，现实生活中，又有几人真正懂得适当舍弃的真谛呢？

学会放弃，就得知道该放弃什么，该把握什么。为了熊掌，我们可以放弃鱼；为了事业的成功，我们可以放弃消遣娱乐；为了纯真的情感，我们可以放弃金钱的诱惑；为了正义的真理，我们可以放弃利禄功名乃至生命。放弃那些人生的附庸与累赘，保留在我们生命中的就是那最有价值、最必要、最纯粹的部分。

得到的太多，并不是幸福。舍弃多余的，反而更快乐。在许多人看来，人生中似乎有许多苦，失去了自认为宝贵的或得不到渴望已久的东西，于平常人都是痛苦之事。然而，从另一个角度看，一个人如果能坦然面对他失去的，并能主动放弃那些可有可无的、并不触及生命要义的东西，那么他的人生必将赢得更多的轻松与愉快。

人是有理想的，总向往着更完美的境界，然而，人生总是有缺憾。社会按其自身的规律运转，人生不是一个只进不出的无底容器，而是一个收放吐纳的代谢过程。一个人随着年龄的增长，生命的定数也在逐渐减少；一天天走向成熟稳重，却失去了无忧无虑的童真；过上了温馨实在的家庭生活，就意味着放弃了单身贵族的逍遥。我们不可能拥有我们想要的一切，因此，必须学会放弃。

在人的几十年的漫漫旅途中，有山有水，有风有雨，有舍弃“温馨”和“绚丽”的烦恼，也有获得“香甜”和“明艳”的喜悦，人生就是在舍弃和获得的交替中得到升华，从而到达高层次的大境界的。不懂得舍弃的人，最终往往一无所获。

取舍之间，提高你的悟性

世间万物都有一个平衡点，事物之间也有平衡点，或称临界点。临界点之左之右都不算恰好，你能找到那个最佳的临界点吗？取舍之间就有这样的临界点，或者也叫平衡点。有时候，取舍只在一念之间，悲喜也只在一念之间。

大部分人总是容易陷入一个怪圈：这山望着那山高。其实，你认为最好的东西是否一定适合你呢？你找到那个最适合你、最能平衡你生活的临界点了吗？可爱的人们，从现在开始，每天对着镜子，告诉自己，身边的爱人是你今生最最完美的理想伴侣，目前已经选择的工作是你最最喜欢的工作。只有放下那山的风景，内心才能平衡，心灵才能宁静，心情才能舒畅，你才能真正感受到这山的关爱，感受到坦然与洒脱。

取舍间的智慧，全在一个“悟”字。佛家常常说一个人有“悟性”，说的便是一个人懂得取舍的智慧，知道何为可取之物，知道何为必舍之事。取舍之间，如蜻蜓点水，却恰到好处；一念之间，却把世事想透，不多取一分，也不胡乱舍弃。聪慧如此，必然幸福满怀。人们常说某某人好福气，却忘了自己其实也可以有“福气”，只是曾几何时没有掌握好取舍间的尺度与智慧，于是最终只能艳羡他人。

如今尘世中的人们，大多“终朝只恨聚无多”，做什么都想赢，做什么都不肯舍弃一分一毫。纵观社会，横看人生，既有撑死、饿死、穷死，也有富死、能死，甚至有窝囊死的；有人因祸得福，有人因福得祸……不胜枚举。何时该取，何时该舍？这个平衡点真是很难掌握，而天下也没有放之四海皆准的真理，我们能做的，就是根据此时、此地、此情、此景去权衡利弊得失。只要分析出利大于弊，即可作出取舍；若妄求只有利益、没有弊处，就永远选不对，心理永远不平衡。欲求太多的人，最不懂取舍间的玲珑智慧。

乡村有一对清贫的老夫妇，有一天，他们想把家中唯一值点钱的一匹马拉到市场上去换点更有用的东西。老头牵着马去赶集了，他先与人换得一头母牛，又用母牛去换了一只羊，再用羊换来一只肥鹅，又把鹅换了母鸡，最后用母鸡换了别人的一大袋烂苹果。但在每次交换时，他都想给老伴一个惊喜。

当他扛着大袋子来到一家小酒店歇息时，遇上两个英国人。闲聊中他谈了自己赶集的经过，两个英国人听得哈哈大笑，说他回去准得挨老婆子一顿揍。老头子坚称绝对不会，英国人就用一袋金币打赌，于是三人一起回到老头子家中。老太婆见老头子回来了，非常高兴，她兴奋地听着老头子讲赶集的经过。每听老头子讲到用一种东西换了另一种东西时，她都充满了对老头的钦佩。最后听到老头子背回一袋已经开始腐烂的苹果时，她同样不愠不恼，大声说：“我们今晚就可以吃到苹果馅饼了！”结果，英国人输掉了一袋金币。

取舍间的好心态就在于此，发现平衡点，果断地抉择，然后在这个平衡点之上，把握平衡点，轻松地感受取舍之后的快乐与美好。拥有取舍之间好心态的人，脸上总是充满阳光般暖暖的笑意，他们对生活没有抱怨，没有哀叹，他们举重若轻，不多奢求一分，也不委屈自己。

当然，也总有一些人，他们永不满足，将快乐建立在与人不断的搏斗争取之中，将目标不断地往远处推移。这种人快乐可能少，但成就可能大。其实，是苦是乐全在个人，每个人的渴求不同，每个人的快乐源泉也不同，了解自己，取舍亦符合自己的内心满足，便能快乐，也便拥有了取舍间的好心态。正如不爱珠宝的人，即使置身虚荣浮华之境，也无伤自尊；拥有万卷书的穷书生，对股票或钻石并没多大兴趣；满足于田园生活的清雅之人，从不羡慕任何荣誉头衔或高官厚禄……爱好即方向，兴趣即资本，性情即命运。而这一切的一切都来源于什么呢？来源于一个好心态。睁开眼睛，仔细地去观察，你会发现，每一个聪明的人，都有一个好心态，不争不抢，只轻悠悠舀一瓢自己心底最爱喝的那口茶。

什么样的人生最成功？没有定论，全看个人。非要一味概之，就会落入愚蠢的窠臼。完全照搬那些看似风光的人的经验与路径，最终只会“舍”错人“舍”错事，最后获得的人生，貌似自己曾经所羡慕和企求的，却无论怎样也快乐不起来，只有满怀的懊恼，甚至可笑。如果一定要给成功人的人生下一个定义，给一个框架，那便是，当一切尘埃落定，内心充盈，感觉到实实在在的幸福，而无论外界的眼光。

取舍的好心态在于取舍之际，要跟随个人的理想，不要随波逐流，不要人云亦云，要找到自己的平衡点、自己的临界点。

第12章

吃亏是不争强好胜的睿智，沉下心更能看清自己

年轻人喜欢争强好胜，这既是优势也是硬伤，一颗谁也不服的心固然能推动你成功，但如果只是毛毛躁躁、义气行事，反而会绊住自己的脚。懂得自己应该在哪些地方当仁不让，在哪些地方争强好胜，也要懂得自己在哪些方面应该虚心求教，在哪些时间应该韬光养晦。懂得蓄势待发的人，才能最终爆发；懂得藏锋的人，才会一鸣惊人。只有在工作、生活中处处都表现良好，才能成为人生的赢家。

少吃逞一时之快的苦头

俗话说："三思而后行。"其实，无论是说话还是做事，都需要三思而后行，这样才不会给自己留下任何的遗憾或者悔恨。但事实上，有的人很喜欢逞一时之快，想到什么就说什么，想做什么就去干什么，结果可想而知，往往是后悔无穷。有的人因为一时之快的一句话，为自己带来了一些不必要的麻烦，这就叫作"祸从口出"；还有的人因为一时之快的某些行为，酿成了悲剧事件，后悔无穷。其实，追究事情发生的起源，不过是因为当时没有及时地收敛自己的气势，太过真实地表现自己，不懂得变通，所以，才由于"一时之快"带来了一系列后果。事实上，在现实生活中，我们有时候需要控制自己的言行，太直率、太莽撞的个性只会导致不良的后果。有时候没有必要那么较真，逞一时之快又能怎样呢？高低上下胜负并不在一时之间，一时的痛快并不代表什么，反而会给自己带来无穷的悔恨。所以，我们需要作出一些必要的舍弃，学会思考，学会变通，不要逞一时之快，让自己后患无穷。

逞一时之快，只是一时地冲动，并没有经过仔细的衡量与思考，自然会有考虑不周、不顾后果的情况，这样的言行更需要我们自己来约束。有的人一时痛苦之下就借酒浇愁，殊不知，借酒发疯，快活一时后会生出更多的烦恼；有的人一时气愤之下就口出秽语，殊不知，这一气之下所说的话语极有可能为自己带来一些麻烦。如果真的痛苦、气愤，干脆不要理睬就是了，既然明知道这就是麻烦，何必偏偏要惹上身呢？自己离它远远的，还落得个清静。生活虽然需要偶尔的涟漪，但并不需要逞一时之快而换来的波浪，那波浪太大，免不了会毁掉原本美好的生活。人生需要正确地取舍，取圆舍方，这是做人的大智慧；舍一时之快，选取“三思而后行”，这是做事的大智慧。当你在触碰到他人的隐私时学会了缄默不语，当你在遭受委屈之后学会了坦然一笑，当你在面对不公平待遇时学会了忍耐，你就不会再为逞一时之快而埋单了。

小吴才进公司一个月，这一段时间来老是受到主管的训斥，小吴满腹委屈，心里更是对那主管充满了恨意。早上，公交车塞车，小吴迟到了十分钟，因此被主管叫到了办公室。小吴忐忑不安地刚走进办公室，就被主管一顿训斥：“怎么搞的？星期一就迟到了，我还等着你领取工作任务呢！”小吴弱弱地回了一句：“路上塞车。”主管听到了，不以为然地说了一句：“不要找借口了，迟到了就爽快一点，还用这么老套的借口。”说完，主管就把一大叠文件扔了过来，说道：“这是今天的工作任务，下班之前把我所需要的数据整理出来。”然后就埋头工作了。小吴一脸沮丧地走出了办公室，大家看着她这个样子，就知道她准是挨骂了。

午休的时候，小吴和同事一起去用餐。吃饭的时候，小吴一直唉声叹气，同事关心地问道：“因为早上被主管骂了吗？没事，我们都习惯了，他就那脾气，没有办法，人在屋檐下不得不低头嘛。”小吴心里很是愤恨：“凭什么这么说人啊，我说早上塞车，那是真的嘛，他还以为我乱编借口，真是。”同事劝说道：“算了，算了，这里人多眼杂，要是被他知道了，他还会给你小鞋穿呢。”小吴吃了两口饭，抬头看了看：“我不怕，管他呢，我就是要说他。那天我还看见王秘书坐了他的车子呢！哼，谁让我看见了呢！他俩准勾搭上了。”同事一脸不相信，旁边的几位同事也凑过来，因为餐厅很吵，几个人越聊越大声，结果在用餐结束时，他们发现包厢里走出一个西装笔挺、脸色铁青的熟悉人影，原来那就是话题中的主角。小吴脸色都变了，悔不该挑起话题。

主管好像事事都针对自己，小吴心里难免会有那么一些怨恨。所以，当同事提醒餐厅人多眼杂、不要说太多话时候，不服输的小吴硬是固执起来，她偏偏要说，还把自己不小心看见的画面抖露出来，借此逞一时口舌之快，报复主管。可没有想到主管就在隔壁的包厢，事情的结果可想而知，即便小吴把肠子都悔青了，也无法改变事情的结果，这就是逞一时之快的结果。如果小吴当时能忍忍，沉默不语，那事情就不会继续演变下去。

人生需要正确地取舍，只有取舍有道，才会使我们的人生之路倍显平坦。否则，就注定了波折的人生。特别是在复杂的社会交际中，我们要舍弃头上的“棱角”，舍方取圆，学会变通，即使在难以平息心中怨气的时候，也要学会忍耐，这样，才能求得一个和谐融洽的人际关系，才能使自己在变通中左右逢源、如鱼得水。

别自负，谦虚地与老前辈相处好

季米特洛夫曾经说：“自负对任何艺术都是一种毁灭，骄傲是可怕的不幸。”但是，偏偏有的人就像是不怕虎的初生牛犊，自信过度而成了自负，在他的人生观、价值观里，自有一套这个世界的游戏规则。尤其是那些初入职场的新手，或者刚刚大学毕业的年轻人，他们怀着满腔的热情投入这个崭新的社会，希望能够争出自己的一番天地，干出一番轰轰烈烈的大事业。所以，在他们身上除了那股涉世未深的青涩之感，还有一种不服输的气势，自认为拥有高等的学历、年轻的本钱，因此显得特别棱角分明、方方正正。其实，当你踏进了这个足够现实的社会，你会发觉所谓的游戏规则早就换了，你几乎成了一只菜鸟，除了满腔的热情，什么都不入眼。因此，那些初入职场的新人，需要作出正确的取舍，舍去方正的棱角，学会变通，在职场中、行业中与老前辈搞好关系，使自己在变通中变得左右逢源。

俗话说："山外有山，人外有人。"作为一个怀揣着梦想的人，你千万不要因为自身条件的优越而产生自负的情绪，因为更有本事的大有人在。无论你是处于职场，还是各阶层行业中，都要懂得与老前辈搞好关系。虽然你有满身的锐气，但除此之外你没有什么可拿出手的，而且目中无人的"棱角"会让你受到老前辈的排挤。毕竟，成功地融入这个团队，才是你真正的目的。所以，要舍弃身上的锐气，学会变通，尊重老前辈的想法和意见，尽可能地与他们搞好关系。这样，他们就有可能为你的事业之路搭建平台；即便是你没有获得任何帮助，那也算是扫清了前面路上的障碍。而且，每一个老前辈身上都有颇为宝贵的经验，这些经验对你的人生来说也是一笔不可多得的财富。所以，舍弃有棱有角的你，学会变通，让你的人生之路多一些平坦，少一些波折。

小郑大学毕业后进了一家公司，与她同时进公司的同事要么学历没有她高，要么学的专业没有她好，进公司第一天，她就打电话跟好朋友说："站在这里，我很有优越感。"可是，很快，她的优越感就被打消了。原来，老板为了锻炼员工，让每一位职员都从最基础的工作做起，小郑很沮丧，本来想在公司大展拳脚的，却不料被分到了一个小小的科室整理数据。她觉得，以自己的条件，这实在是大材小用。更要命的是，在她上面还有一个年近五十的老太太，那老太太是小郑的领导，天天唠叨着"仔细点、认真点"。小郑没有好气地说："哎哟，我知道啦，计算机出来的时候，你还在打算盘吧？放心，我没有问题的，你就不要再啰唆了。"老太太很慈祥，笑了笑也没有再说什么。

有一次，小郑在计算效益的时候，把一笔投资存款的利息重复计算了两次，虽然最后并没有给公司造成实际上的损失，但整个公司的数据库因此被全部打乱了。那老太太以一种别样的眼光看着她，好像在说“看吧，不听老人言，吃亏在眼前”。但小郑很不在乎，她觉得自己就像是做错了一道数学题，这没有什么了不起的，改过来，下次注意就是了。但她这种态度让老太太很不放心，以后有什么重要的任务，总是找借口把她晾在一边，不再让她参与了。小郑整日坐在电脑面前，无所事事，想起当初的豪情壮志，再看看现在的自己，一肚子不平不知道向谁述说。

小郑从一个青涩的学生变成潇洒自信的职场新人，对她来说，这是一场挑战。当她自信满满地踏入了暗藏汹涌的职场，却因为不懂得变通而成为被排挤的对象。虽然我们提倡每个人都需要充分的自信，但自信过了头就成了自傲和自负，在老前辈看来，这样的年轻人缺乏最基本的谦虚精神，很容易让人产生办事不牢靠的感觉。同时，小郑对老前辈建议的抵触情绪，也为自己的曲折之路埋下了伏笔。实际上，一旦陷入了自负的旋涡，就会开始目中无人，自然也不会把老前辈放在眼里，这样就无法为自己开辟出顺利的职场之路了。

其实，不管是初入职场的新人，还是久经沙场的老手，都需要抛下自负的包袱，那只会成为你前路上的阻碍。另外，也要学会适当地变通，与老前辈搞好关系。作为一个新人你最好不要太锋芒毕露，应该采取循序渐进的方式展现自己的实力，一方面在老前辈面前保持谦虚谨慎，尽量多向老前辈请教；另一方面适当体现自己的价值，让老前辈对你有所肯定，这样一来，就会在不知不觉间与老前辈的关系更过一步。如果你想在事业上大展宏图，那就要学会人生中必要的取舍，取圆舍方，放下自负的包袱，学会变通，与老前辈搞好关系，这样你才会在人生的路途中轻松应对自如，绽放出属于自己的个人魅力。

不要遮住别人的光芒

电影《人鱼小姐》中有一句很经典的台词，“你的脸太大了，挡住了我的阳光，我要和你分手。”这句话虽然不太切实，但确有一定的道理。有些人总喜欢炫耀自己，把别人的目光都吸引到自己的身上，以致挡住了别人的光芒，这样的人总是很惹人讨厌的。

很多时候，年轻人不但要善于表现自己，还要善于帮助别人表现自己。当别人有表现机会的时候，你应该主动弯下腰，让出舞台，躲开闪光灯，让光芒打在别人身上。只有这样，你才不会让人反感，才会让别人感激你。

一只具有领袖素质的藏獒，不仅自己要勇猛厮杀，还要帮助同伴成就属于它们的业绩。如果一只藏獒以为自己比别的藏獒高明，抢在别的藏獒之前杀了人家一直追咬的猎物，别的藏獒就会深深地记恨它。这个规则在人与人之间也有着非常明显的表现。每个人都是有自尊的，如果你遮住了别人的光芒，损害了别人的权利，也就等于损害了自己的威信，同时为自己树立了一个对手，他也许不能打败你，但也绝不会真心敬服你。

现在社会上流行一种说法，叫作“孔雀女”，据说这种女人或漂亮或有气质，甚至两都兼具，特别热衷于表现自己，时时都要抢别人的风头，结果却总是招得天怨人怒。这种女人还总喜欢在异性面前表现自己的魅力，卖弄风姿和才华，总喜欢“开屏”，因而抢了很多女孩子的风头，很是令人反感。很多年轻人都会鄙视这样的女人，却又在不知不觉中重复着同样的行为。

有一种人，他特别爱表现自己，任你提出什么话题，他都能有头有尾地讲述起来，而且他特别敏锐，能够很容易地抓住别人的语病或是含混不清的所在。开始，人们会在他广博的视野中获得一些有价值的东西；后来，人们发现有些东西并不如他所言之确凿，于是开始在暗地里嘲笑他的作为；

再后来，人们干脆以传递他的谬误为乐，并像要猴一样当面取笑他。

善于表现自己、乐于表现自己是好事，可是如果在不恰当的场合表现自己，抢了别人的风头，就会变成一个笑柄。别人甚至会因此对你心生忌恨。这样的话，表现自己就成了孤立自己的城墙。年轻人一定要记得，在属于别人表现的场合，一定要暂时掩藏起自己的光芒，并用自己的真诚来祝贺别人，这样你才能得到真实的友情。

古语曰“君子敏于行而讷于言”，就是希望人们不要时时刻刻炫耀自己，而要时刻顾及他人的感受。该弯腰的时候，就不要抬头，帮助别人表现自我，就等于成就了自己。人人都不希望自己因为别人的光芒而黯然失色，而希望能和为自己增添光芒，体现自己魅力的人在一起。

每个人都有获得他人认同的欲望，都有表现自己的欲望，能够帮助别人实现欲望的人，会更加受欢迎；而阻碍别人实现欲望的人，则会让所有人蔑视他，忌恨他。所以，那些在原本应该是别人出风头的场合出尽自己风头的人，会得罪更多的人。不要盖过别人的风头，给别人留一些机会，就是给自己留一些余地。

总有一些场合是属于你的，而在那些不属于你的场合，不妨弯下腰，做一个低调的人，这样你才能有真正扬眉吐气的一天。理智的人不会处处争强好胜、处处炫耀自己，让自己沦为一个笑柄。他们懂得在自己熟悉的领域去表现自己，因为这样不但可以成就自己，也可以成就更多人。

韬光养晦，方能孕育出好的果实

30 岁以前，应该是人生的积累阶段。在这个阶段，越善于韬光养晦、不急着表现自己，越能够轻易地积累自我；而处处锋芒毕露的人，注定会因为疲于应付工作中的明枪暗箭而顾不上自身的积累，最终导致失败。

年轻人喜欢展露自己的锋芒，喜欢被人认同和赞扬的感觉，所以，他们总是忙于表现自己，忙于寻找各种机会炫耀自己。这样做将不利于自己的工作，更不利于自我的积累。如果你有这方面的毛病，一定要及早改掉，不要让它影响自己的成功。在日常生活中，导致一些年轻人“大器晚成”的原因有以下三点：

（1）太早表现自己容易成为众矢之的。不但你喜欢被人赞扬和认同，大家也都喜欢这样。当你抢尽了别人的风头、占尽了便宜的时候，就会把自己摆在别人的绝对竞争面，大家就会对你怀恨在心。尽管这种情况可能是潜意识里的，但一旦你出现一点错误，就会出现墙倒众人推或人人冷眼旁观的局面，这不是因为大家没有同情心，而是因为你在表现自己的时候没有顾及别人的感受，没有给别人留一点余地，也没有给自己留退路。

再者，年轻人刚刚进入一个单位，不可能有多大的贡献，不可能施展多少才华，所以肯定不是老员工的对手。每个单位都是一个圈子，在这个圈子里必定有众人都敬服的人，急于表现自己而忽略人心向背，很可能是导致锋芒毕露的年轻人失败的原因之一。

（2）有才华的年轻人容易轻慢他人。要知道“才高八斗，人矮三分”的道理，拥有才干是一件好事，但恃才傲物就是一项缺点了。凡有修养的人，都不随便评价自己，更不会夸耀自己。如果一个人对自己的聪明不仅不加掩饰，反而不论时机、不顾场合、不管对象、不分事由地一概以聪明人自居，那他做人本身就是失败的。

（3）年轻而取得成功的人，往往会意志不坚定，头脑不理智。一个人太早品尝成功的滋味，容易在众人的吹捧当中迷失自己，就会觉得凡事没什么了不起，自己也会飘飘然起来，以至轻视自我积累，这样自然也就不会有太大的成就。

由此可见，“大器晚成”是一种结论，而不是对某个人成名的描述。年轻人一定要善于韬光养晦，在低调中不断积累自我，当积累到一定厚度和高度的时候，自然能够一鸣惊人。

诸葛亮在成名之前，躬耕于南阳，不求闻达于天下，而他却从未停止积累，停止进步，在刘备三顾茅庐之前，他就已经是鼎鼎大名的“卧龙先生”了。然而，他没有“仰头大笑出门去，我辈岂是蓬蒿人”的狷狂傲慢，更没有处处彰显自己的锋芒，最终成为贤达的象征、智慧的代名词。

人们常说：“美玉藏于深山。”是珍珠美玉，迟早会被人们发现，而不在于早晚。深藏不露是一种高层次的谋略，也是成大事的基本素质之一。韬光养晦并不是销蚀锋芒，也不是咄咄逼人，而是重视社会接受，以免无谓烦恼，抛弃虚荣、转向踏实的心境。

孔子年轻的时候，曾受教于老子。当时，老子曾对他讲：“良贾深藏其若虚，君子盛德貌若愚。”意思是说，善于做生意的商人，总是隐藏其宝货，不令人轻见之；而君子为人，品德高尚，而容貌却显得愚笨。其用意是告诫孔子，过分炫耀自己的能力，是毫无益处的。

那些善于隐匿锋芒、韬光养晦的人，才是真正不可小觑的人。他们在任何情况下都会镇定自若、游刃有余，既不让人小瞧欺负，也不会强出头，不显山、不露水，一旦时机成熟，就会一鸣惊人。

所以，30岁之前，不要事事争强好胜，一定要想办法积累自我、韬光养晦，只有这样，才能一举成功。

第13章

吃亏是成全他人的睿智，帮人就是帮自己

生活中，我们需要学会成全，成全别人，同时也成全自己。给别人所需要的，让别人变得更好，无疑是在给自己积累福气。佛家言，这是一种慈悲，一种善。传递善意，自己也种下了善的种子，帮人就是帮自己。

替别人打算，就是为自己考虑

世上有利益，有利益就要有主张，有主张就有可能在边界处纷争。国家如此，公司如此，个人亦如此。在常规社会关系中是讲究平衡交往的，所谓“来而不往非礼也”“人敬我一尺，我敬人一丈”，又说“滴水之恩，当涌泉相报”。其实这个道理一般人是好接受的，因为得好处在前、感受善意在先，对别人有回报，心里就会觉得顺畅。问题在于人们如此想就会陷入一个僵局。若我们总是等别人先，我们不先，那么就没水可滴、没人可敬了。而在实际生活中，却恰恰会出现另外一种情况——人家先从我的利益上占便宜了。那么，此时，我们的回应是怎样的呢?

郑板桥曾说过：“为人处，即是为己处。”意思是：“替别人打算，就是为自己打算。”这与今天所谓：“我为人人，人人为我”是同样的道理。如果大家都能有吃亏的精神，那么这个世界岂不好得多了？还会有那么多的战争、杀戮、坑蒙拐骗以及种种罪恶和不道德行为吗？这样看来吃亏就不仅是个人的福分，而是人类的福分了。

那么吃了亏到底怎么办呢？首先，我们活在这个世界上，实际上生不带来死不带去，因此，我们在这个世界上的利益其实也就是我们体会社会生活的道具。我们经常能做到各人过各人的日子，我们也经常能对人投桃报李，但是我们让别人占自己便宜的事情其实是比较少的，从人生体验来说，我们生活中最多的体验是做普通的俗事，而很少能尝试一点不俗的行为。在一般的社会关系中，你不止可以被人占便宜，甚至可以先给人一点，这样你不仅能得到回报，还能让自己具有影响别人的社会心理债权。所以，实际上，社会有一个更宏观的回报机制，累积吃小亏才有机会得大利。而事实却是，大多数人都只局限在自己利益的小范围内。当与别人出现利益冲突的时候，如果能在整体的利益格局中考虑，有度量与风范放弃自己的利益，成全他人的利益，就能建立真正的大格局，获得最终的利益。做江湖上的大哥，要首先把好吃的分给小弟，而那些想高高在上的人，应该先做到为人民服务，且要落到实处。从某种意义上来说，吃得亏上亏，方为人上人。

相反，如果凡事只考虑自己，不顾他人的损失，总想让自己的利益最大化，就会造成更大的损失。而在生活中，就算你没有损害他人利益，但如果常常表现出没有为他人着想，也会造成不必要的麻烦。如吃独食，这是小节，本来吃独食也没有占谁的便宜，但很容易得罪人。这样的事会为自己招来一些潜在的敌人。有点小享受，如果无法给大家分享，就不要在人前炫耀。此外，当同伴或朋友有困难时，你却拒绝伸出援助的手，这是最让人记仇的。人家有困难，自己不在场犹有可说，要是在场而不帮，那是有失人道的。你不帮，别人不能怎么样，但这很可能导致人家将来一报还一报。

和谐处世的根本原则就是能助人时就助人一把，无论他是在求财还是在求官。毁人前程、毁人财路总是很伤人、很不体面、很不友好的事情。所以说，人不能凡事只考虑自己，要多替他人考虑。有很多矛盾，其实都是因为双方不懂得换位思考造成的，这在工作中尤为常见。因为位置不同，所以思考的角度就不同。在职场中，有的员工因为经常就同一件事与上司出现意见分歧，而与上司产生隔阂，甚至导致不可调和的矛盾。这样的员工最后不是负气走人，就是被公司解雇。

其实道理很简单。上司考虑问题，一般从公司或者部门的利益出发，也就是从宏观着手。他考虑的不是保护某一个员工的利益，而是维护公司或者部门的整体利益。虽然他面对的是一件事情，仅仅是一个点，但他要考虑这件事情对全局的影响，也就是点对面的带动。而员工考虑问题，首先考虑的往往是自己个人利益的得失，也就是关注局部的利益，很少与公司或者部门大局联系起来。这并不是说员工不懂得个人利益与公司利益的关系，也不能说员工目光短浅，只是因为所站的位置不同，导致了思维方式的不同，从而产生了不同的意见。

所以，当与上司发生意见分歧时，最好的处理办法就是变换思考角度，学着像上司一样思考。这样，才会正确理解上司的意图，毫无怨言地执行上司安排的任务；并且，可以借此逐步培养出宏观决策、统筹安排的能力。这对职员来讲是一笔不小的财富。往往正是因为具备了这些能力，你才比别人更容易获得晋升的机会。

更进一步思考，人是群居的动物，在生存中，不仅有物质的需求，也有精神的需求。即便是要营造一个良好的生活环境，也是要有所投入的，又何必一定要施恩图报呢？你对别人的好，绝大多数人是知道的。但由于懂得处世大道理的人不多，虽然被你帮过的人知道你的好，但他在力量不足时总是“忘”了报答，只是感情上对你好，其实，这就足够了，何必再求其他。

先帮助对手，利人利己

你若想在阵阵热烈的掌声中走向成功，请别忘了给你的对手一些优越感，不怕吃亏，先帮助他人，如此，你才能和他们一同在相互竞争中不断飞跃，不断创新，不断成就更精彩的自己！

对手对我们而言，是十分重要的存在，正是在与对手的竞争过程中，我们才能找出自己的缺点，弥补自己的不足，从而使自己进步。不怕吃亏，先帮助对手，其实就是在帮助我们自己。

打败一个对手不难，但若少了对手，我们的生活就会变得乏味。正是因为对手的存在，我们的生活才不像白开水一样平淡，而是变得五彩斑斓；正是因为对手的存在，我们才不像温室的花朵一样脆弱，而是变得愈加坚强；正是因为对手的存在，我们才不像知了叫一般单调，而是变得丰富快乐。

成功路上，对手是同行者，也是挑战者，先帮助对手，是帮助我们实现梦想的另一只手，是我们不断前行的驱动器。如比尔·盖茨正是在不怕吃亏、不断地帮助对手史蒂夫·乔布斯的过程中，才让自己不断进步，成为 PC 行业的龙头老大的。

20 世纪 80 年代初，史蒂夫·乔布斯和史蒂夫·沃兹尼亚克共同创立的苹果电脑公司，在其因富于创新的“苹果”计算机系列享受到成功的乐趣的同时，比尔·盖茨和保罗·艾伦共同创办的微软也刚刚发布它的第一款操作系统。

这两家企业不断发展，在相互竞争中不断壮大。随后，苹果在竞争中落后于微软。到 1993 年，微软已经统治了计算机市场，而苹果则开始艰难挣扎。到世纪之交时，苹果通过开发新产品，大刀阔斧地进行品牌的复兴。尽管微软依然稳坐 PC 行业的头把交椅，但苹果凭借新产品 iPhone 再次成为能够与微软帝国抗衡的对手。

在这样的背景下，一则新闻被记者挖掘出来。事实上，微软公司一直在帮助苹果开发软件。2004 年，微软和苹果合作，除了共同升级 Office 外，微软还宣布将单独推出一款面向采用英特尔处理器的苹果机的 Office 软件。随后，人们又发现，在过去 20 年里，微软一直在帮助苹果机开发软件。

由此看来，正是有了微软的帮助，有了比尔·盖茨不断地先帮助史蒂夫·乔布斯，才让苹果艰难地克服困难，迅速拉近了和微软的距离。也正因如此，微软才得以在和苹果的不断竞争中超越自我，渐渐成长为 PC 行业的领军人物。如此双赢的局面，何亏可言呢?

俗话说，“没有岩石的拦阻，哪能激起美丽的浪花”，先帮助对手同样如是，没有对手的存在，我们如何能绽放出更美的青春，展现出更强的实力呢? 郁林正是因为不怕吃亏，不断地先帮助对手，才获得了更多人的支持，坐上了学生会主席的位置。

郁林在大学毕业后，被本校研究生院以全额奖学金录取。入学后，郁林参加了研究生院学生会主席的竞选活动。竞选由各个研究生院推选几十名代表参加，环节众多。郁林以其成熟和干练的作风顺利进入了前 4 名。她的对手是三名博士生，其中一位叫瑞麟。瑞麟位列第四，很多人以为他将退出选举，没想到，他却突然来了个“撒手锏”。

竞选期间，瑞麟在学校召开了发布会，对前三名候选人进行了猛烈攻击。他曝出三名竞争对手的个人隐私，而对郁林的攻击是：郁林在本科生期间，以做学生工作为名，侵吞了大量捐款。瑞麟发布的新闻使学院为之震动，研究生院很多同学都要求立即取消三名候选人的资格。

首当其冲的郁林也受到了同学们的质疑。可谣言很快烟消云散，郁林的本科同学出面澄清了此事，并拿出了用款明细。瑞麟被证实有说谎的嫌疑，胜利的天平又倾向了郁林。而另外两个对手，为了报复瑞麟先前的“毁灭性打击”，也曝光了瑞麟在一家超市被保安询问的录像，并怀疑他有偷窃行为。一时间，瑞麟百口难辩，这似乎又对郁林有利。

在拉选票的最后关头，4 个竞选者一起召开了发布会。瑞麟等人都显得有些沮丧，只有郁林依旧露出端庄的微笑。她走上台说：“同学们，我今天想先告诉大家一件事情，就是关于瑞麟在超市‘行窃’的事。”郁林的话，让所有人屏住了呼吸，她继续说道：“我去超市问清了事情的整个经过，事实上，瑞麟并不是因为行窃而被保安询问，而是帮助老板抓到了小偷……”霎时，发布会现场一片哗然。

瑞麟惊讶地抬头看了看郁林，微张着嘴，想说什么，却欲言又止。剩下的2个对手则有些沮丧，他们实在不明白郁林为什么要帮助对手澄清丑闻。难道她不明白，一旦他重获清白，就会成为郁林最大的对手？

就这样，竞选形势再一次发生变化。助理埋怨郁林帮了对手一个大忙，郁林只是淡淡地笑了笑：“我只是希望这次竞争能够公平一些，想给瑞麟一些优越感，这样赢得的胜利才有意义。”

谁料，就在投票开始前，瑞麟宣布了自己退出的消息，并且号召自己的支持者把票投给郁林。他说，他无法像郁林那样真诚与宽容，他已经输掉了竞选。如果郁林竞选成功，自己愿意做她的助理，全力协助她在学生会的工作……就这样，郁林力挫群雄，成为研究生院的学生会主席。

不怕吃亏的人，才能宽容地对待对手，才愿意去帮助对手，而他们也终将因为自己强大的人格力量赢得对手的心，赢得世人的心。

江面上，一条船成功渡过了，那不算什么，两条船你追我赶、争先恐后地渡过，那才有看头，才是真正意义上的竞争。我们每个人就像一条船只，而对手则是周围各种类型的船只，我们要不怕吃亏，先帮助对手，这样我们在驾驶自己的船只时才能不放松，永远保持冲在最前方的士气，让自己不断前行、不断超越。

不怕吃亏，先帮助对手，这是一种境界。只有学会先帮助对手，你才能真正领略到“送人玫瑰，手留余香”的魅力，感受到一起奋斗、一起成功、一起走向人生舞台的满足，才能体会到厚积薄发的无穷力量，才能实现追求已久的梦想！

支持竞争者，实现双赢局面

如果我们不怕吃亏，对待竞争对手能多一份关爱、包容与支持，那么，我们不仅能够成全别人，更能够成就自己，实现双赢的局面。

生活中，竞争无时不在、无时不有，但这并不是我们与对手相互之间攻击、倾轧的理由。支持竞争对手，并不是吃亏，而是实现双赢的前提。

要想实现双赢，就要不怕吃亏，勇于承认竞争对手的存在，支持和鼓励竞争对手的发展，并且把自身的发展建立在竞争对手的发展之上。其实，竞争并非一种战争，而是一种博弈，只有学会欣赏竞争对手，学会影响竞争对手，学会与竞争对手合作，才能实现两人之间的和谐发展。

常言说："一山不能容二虎。"其实不然。若我们心胸开阔，不怕吃亏，乐于支持竞争对手，就可以实现一山容二虎，甚至多虎，这样你也便不会吃亏。试看，"宝马"与"奔驰"并驾齐驱，纵横驰骋于汽车领域；"可口可乐"与"百事可乐"同时并存，占据了饮料界的两座山峰；"蒙牛"与"伊利"共荣共生，誓将草原牛奶销遍全球……

这些商家中，谁又真正吃亏了呢？相反，他们都在不断的竞争中超越着自己，书写着新的奇迹。张全虎也是其中之一，他相信养虎不为患，与竞争对手你追我赶才能实现双赢局面。

刘生汪从单位辞职后，决意开一家酒店，连位置都考察好了。而这条路上仅有四五家酒店，家家生意兴隆，尤以那家叫"人人旺"的酒店人气最旺。"人人旺"的老板张全虎是一个下岗工人，几年前开了这家酒店，而后，开始快速发展，现在有四层楼，光大大小小的包间就有 30 多个，可同时容纳 800 多人进餐。刘生汪要在这里办酒店，"人人旺"显然是最有威胁力的竞争对手。

筹来了首笔创业资金的刘生汪，盘下了一个 200 多平方米的门面，位置刚好在"人人旺"的对面，甚至比它更有优势，因为隔壁就是一家大型商场，人气指数遥遥领先。然而，刘生汪新开张的酒店的生意并不如他想象得那样美好。除了开业那几天有几个食客冲着打对折的优惠来消费外，此后一概没有顾客光临。"怎么办？"出师不利的刘生汪决意从源头上改进，推出了一道以湘菜为根基，融合川菜、粤菜、鄂菜等八方菜系优点调理出来的混血产品，他不服气地对员工说：“‘人人旺’主打特色菜，我们也能不甘落后地做出来！”哪知依然毫无起色。刘生汪始终不明白，竞争对手“人人旺”并没有对自己出招，可自己为什么就赢不了对方呢？

就在刘生汪百思不得其解的时候，有人登门了。这个人居然是“人人旺”的老板张全虎！俗话说，同行即冤家。所以，刘生汪对于张全虎的拜访保持着极高的警惕。没想到张全虎开门见山地说：“我是来帮助你的，只要你听我的，保证你的店三个月内起死回生……”“不管你信不信，反正，我是铁定了要帮助你！”张全虎甩出这句话后，头也不回地走了。看着他一身正气的背影，刘生汪心里更加发虚——这个竞争对手到底用意何在？没几天，刘生汪收到了一份由张全虎托人送来的文件，居然是关于丽景酒店的策划书，它详细列举了需要改良的地方。看完这份条理清晰的策划书，刘生汪十分疑惑：“我们明明是竞争对手，他为什么要如此不遗余力地支持我？”另外几个股东也认为张全虎居心叵测。

但是，刘生汪实在是找不到这份策划书的可疑之处，眼看着酒店生意一日不如一日，经过再三权衡，刘生汪决定冒险执行张全虎提出的整改意见，同时也秘密安排了一名亲信进入张全虎的“人人旺”酒店，打听实情。口味定位改变后，来酒店消费的回头客果然多了起来。刘生汪随即作了调查，大家一致认为这个口味比较适合湖南人。刘生汪大喜过望，接着又安排工人连夜整改酒店装修风格，用屏风取代了原先的不锈钢隔断，敲掉了罗马石柱，换成了朱红色的木柱，为了凸显中式风格，还在墙上挂了几幅临摹的名家字画……这一改变，整个酒店显得更加大气、高雅，极具文化韵味。许多顾客都夸赞酒店装修得很别致。

随后，刘生汪又按照张全虎策划书里的要求，让厨师剃光了头发、戴厨师帽，以保证菜肴的卫生。这一细节不知怎么就被媒体知道了，在报纸上褒扬了这件事情，相当于做了免费宣传。刘生汪注意到，报道中提到厨师剃光头的酒店除了自己这家，还有就是“人人旺”。他隐隐觉得，把这事通报给媒体的人可能就是张全虎。“他完全可以独占鳌头，没必要让我们跟着沾光啊？”刘生汪觉得张全虎的所作所为神秘难测。

渐渐地，刘生汪的生意旺了起来。这时候，刘生汪安排的内线也告诉他，“人人旺”的几位高管认为张全虎是在“养虎为患”，等丽景酒店站稳了脚跟，非但不会感恩戴德，反而会对“人人旺”酒店反戈一击……张全虎非但未作任何解释，反而像疯了一样，对候在大厅里等位置的顾客说：“你们到对面的丽景酒店去看看吧，他们那里也很不错的。”客人听到老板这样介绍，就真的分流过来了。“张全虎的葫芦里到底卖什么药？”刘生汪的内心越发惶惶不安。刘生汪决定主动会会张全虎，摸清他的目的所在。

张全虎对刘生汪的到来，似乎并不感到意外，乐呵呵地说：“年轻人，终于鼓足勇气到我这里坐坐？”“其实，我在帮你，更是帮自己。”张全虎详细地解释开了：“任何一个企业要想获得长足的发展，环境很重要。这就是一条街全是餐饮企业，但家家的生意都很红火的原因。如果某个地段没有良好的餐饮环境，那么这个地段的任何一家餐饮企业都难以长远立足，这个定律不仅适合餐饮业，也同样适合其他行业，扎堆和抱团发展是所有中小型企业长远发展的必然之道。事实上，支持你的发展，也就是支持我自己的事业。”

张全虎的理解的确高明，竞争并不是你死我活，也并不会吃亏，而是实现对手之间的和谐发展的有效手段。只有有竞争、有对手，才会进步，才会有前进的动力，才能让彼此都有所成长、都不会吃亏。我们每个人都要有一个竞争伙伴，只有这样才能加速我们人生之船的航行！

取尺之长，方能彰显寸的灵巧；取寸之短，才能凸显尺的长度。于是尺寸合作使工之器愈利，使工之事愈善。竞争同样如此，树立竞争对手，不怕吃亏，把他们视为最刺激的伙伴，一路同行，便是成功的最好动力。我们要想实现自身价值，就必须与竞争对手友好相处，不怕吃亏地精诚合作，实现优势互补，在竞争中共同发展，实现真正的赢——双赢！

多为他人着想也无妨

“为自己着想，心是一潭死水；为他人着想，心是一汪大洋。”拥有能设身处地为他人着想的博爱而温暖之心的人，永远不用担心未来。

生活在当今地球村之中，每个人之间都可能存在着紧密联系，因此，我们的生活总会直接或间接地影响到别人的生活。懂得生活，不怕吃亏，能为他人着想，善于为别人的利益出主意，人与人之间才能融洽相处，快乐地生活，实现各自的想法。

为他人着想是一种理解、一种宽容，一种胸怀。能设身处地为他人着想的人，不怕吃亏、损害自己的利益，会选择用宽容、退让的方式来看待和处理人与人之间存在的误解、矛盾，如此一来，自然也能感化对方，处处受人尊敬。著名物理学家斯蒂芬·霍金的夫人——简·霍金就是一位能为他人着想的女人，而她也因不怕吃亏，赢得了霍金全家人的爱戴，甚至当选为杰出女性。

有着“继爱因斯坦以后世界上最杰出的理论物理学家”美誉的斯蒂芬·霍金，于1942年8月出生于英国，21岁时，他被诊断患有“卢伽雷病”，不久，就完全瘫痪了，只能长期生活在轮椅上。43岁时，霍金因患肺炎做了气管手术。此后，他完全丧失了说话能力，只能靠安装在轮椅上的一个小对话机和语言合成器与他人进行交流。在这样一种令人难以置信的艰难处境中，霍金成为世界公认的引力物理科学巨人，提出了著名的“黑洞理论”，他的《时间简史》一书也成为闻名全球的畅销书。

有句话说得好，一位成功的男人背后必定有着一位伟大的女性。像霍金这样丧失了行动与说话能力的重症患者，如果没有妻子简对他的悉心照料和无私奉献，他的成功是难以想象的。

简·霍金毕业于伦敦大学，她原想去外交部从事自己喜欢的工作，但为了照料霍金，她放弃了自己的锦绣前程，甘心做一个忙忙碌碌而又尽职尽责的家庭主妇。然而，霍金家族中的某些人对她很不友好，特别是霍金生性孤傲的妹妹菲丽帕，更是常常对她冷嘲热讽。

一次，菲丽帕患病住院，简陪同丈夫去医院看望她，结果，在病房门口，简被告知，菲丽帕只想见霍金不想见她，那一刻，简感到十分委屈和尴尬。但她很快就控制住自己的情绪，设身处地为菲丽帕着想：一个人生病住院，心情当然不好，自己来看她就是希望她有一个好心情，既然她不想见自己，一定有她的道理，这样一想，心中的委屈与懊恼烟消云散。于是，她微笑地目送丈夫进入病房，自己则坐在病房旁门口的长凳上边看书边等丈夫，一等就是两个多小时。

没想到，两个月后，简收到菲丽帕寄来的一封信，在信中，菲丽帕为医院那件事向简作了道歉，并表示，从此以后，她将成为简最忠实的朋友之一。可以设想，如果简在探视病人而被拒之门外时拂袖而去，甚至冲进病房与病人作一番理论，那么，两人原本就不和谐的关系只能趋向恶化，而简因为愿意设身处地为对方着想，所以选择了退让，选择了委曲求全，终于打动并感化了对方。正是凭借退让这一美德，简消除了菲丽帕对她的偏见，赢得了霍金家族上上下下的尊重和欢迎。

能为他人着想、不怕吃亏是简·霍金的一种修养，一种博爱，更是一种睿智。而她也因此赢得了世人的瞩目和敬重。

常言道：种瓜得瓜，种豆得豆。不怕吃亏，为他人着想，就好比你用爱心播种了一盆花，待花开的时候，你不仅能看到五彩斑斓的花朵，还能看到满目生机的春天，而这也正是吃亏换来的“福报”。

如果我们每天在做那些看似平凡的事情时，都能不怕吃亏，甘于为他人着想，那我们点点滴滴的举动就会温暖所有人的心，让人们感受到人与人之间关爱的美好和幸福。

让我们凡事不怕吃亏，主动为他人着想吧，哪怕一丁点儿：一点方便、一些提示、一句真心的话、一个安慰的眼神，都是一种博爱、一种人生境界，也都会成为他人跨越障碍的动力，成为他人成功的关键所在。要是我们每个人都能善待他人，能不怕吃亏，乐于种下善果，那么，我们身处的这个蓝色星球一定会变成一个充满爱心、和谐，没有战乱、纷争的极乐家园！

参考文献

[1] 崔钟雷 . 学会吃亏 [M]. 吉林：延边教育出版社，2010.

[2] 高英 . 吃亏也是一种福分 [M]. 北京：地震出版社，2012.

[3] 孙文婷 . 吃亏是福: 智慧人生的处世哲学 [M]. 广东: 汕头大学出版社，2014.

[4] 白晓松 . 人生三要：忍耐 吃亏 糊涂 [M]. 北京：海潮出版社，2015.